Bernd Wulkotte: Kulturlandschaften und Bauernhöfe

Bernd Wulkotte Landwirtschaftsdirektor a. D., 1931 in der Grafschaft Bentheim geboren und auf dem 70 ha Elternhof in Drievorden unter 10 Geschwistern aufgewachsen; absolvierte die Landwirtschaftslehre auf einem 300 ha Gutshof am Niederrhein; studierte Landwirtschaft in Bonn; war 1959 bis 1996 Bediensteter der Landwirtschaftskammer Weser-Ems in Oldenburg; 2 Jahre Lehrgangsleiter der Grünlandlehranstalt und Marschversuchsstation Infeld/Wesermarsch, 15 Jahre Fachlehrer und Wirtschaftsberater in Vechta und Lingen/Ems; 20 Jahre zuständig für die Fortbildung der jungen Bauern zum Landwirtschaftsmeister und für die Weiterbildung der Bauern und Bäuerinnen in Fachseminaren.

Die Grundideen seiner agrarpolitischen Vision hat der Autor erstmals nach der BSE-Krise in „Revolution auf dem Lande" unter der LIBRI-Nr. 5640962 in diesem Verlag veröffentlicht.

Herstellung und Verlag: Books on Demand GmbH, Norderstedt
ISBN 3-8334-0046-3

Bernd Wulkotte

Kulturlandschaften und Bauernhöfe

Vision
einer agrarpolitischen Neuorientierung

Inhalt

Anspruch und Wirklichkeit... 9

Ohne Ziel und Konzept... 11

Der „Emshof" zum Beispiel... 13

Das Dienstleistungshonorar.. 19

Die ökologischen Produkte.. 25

Die Bindung des Viehbestandes an die Fläche............ 43

Das Finanzierungsbudget.. 57

Die regionale und kommunale Kompetenz.................. 61

Die radikale Neuorientierung mit Ziel und Konzept.... 67

Nachwort... 75

Materialien:

- Modell des Ökoproduktekataloges........................... 79

- Strukturdaten für die Modellrechnungen................. 81

- Modellrechnung für den „Emshof"............................ 83

- Modellrechnung für das Unternehmen „Uckermark".. 85

- Struktur des „Emshofes".. 87

Anspruch und Wirklichkeit

Der Titel des Buches sieht Anspruch und Sorge zugleich:
Im öffentlichen Interesse
- die Naturlandschaften erhalten
- die Kulturlandschaften gestalten
- die ökologischen Dienstleistungen der aktiven Landwirte honorieren.

Die Alltagswirklichkeit bei den gesellschaftlichen Akteuren weist allerdings eine lange Mängelliste aus, die eher von den Zielen wegführt:
Im Gerangel um die besten Start- und Zielplätze für eine allzeit hohe Lebensqualität
- fällt den Bürgern das Rücksichtnehmen schwer,
- feiert ein Volk von Individualisten fröhliche Urständ,
- führt die unendliche Vielzahl von Einzelansprüchen zu einem heillosen Durcheinander und zu einer behördlichen Regelungsflut, bei der kein Mensch mehr durchblickt,
- verbreiten die Entwicklungen der Wirtschafts- und Finanzstrukturen allgemeine Verunsicherung und bringen die damit verbundenen Wettbewerbsverzerrungen die soziale Balance ins Wanken.

Auf den formulierten Anspruch der Wohlstandsgesellschaft bezogen ist deshalb der Ruf nach einem ebenso klaren wie einfachen Struktur- und Wettbewerbsrahmen für die flächendeckende Kulturlandschaftspflege das längst überfällige Gestaltungsgebot ohne Alternative.

Ohne Ziel und Konzept

Es ist dabei geblieben: Ziellos und konzeptionslos zieht die agrarpolitische Karawane weiter und verbreitet Unsicherheit auf den Bauernhöfen. Bezüglich Produktqualität und Produktsicherheit haben sich die Gemüter zwar wieder beruhigt und die Verbraucher sind nach BSE-Krise, Maul- und Klauenseuche und Pest bei Schweinen und Geflügel eher wieder auf der Seite der Bauern. Was agrarpolitisch fehlt, ist das revolutionäre Denken und der Mut zu neuen Ideen.
Allenfalls im Schneckentempo werden frische Strategien angegangen, die europaweites Vorankommen signalisieren können. Um so enttäuschender ist die immer komplizierter und teurer werdende Brüsseler Agrarbürokratie, die immer noch planwirtschaftlich verwaltet und nicht gesamtwirtschaftlich gestaltet. Selbst Branchenexperten blicken nicht mehr durch.
Das Herumdoktern an schmerzhaften Druckstellen kann Politikergewissen beruhigen, aber den gestressten Patienten nicht heilen. Stabile bäuerliche Existenzen, dörfliche Entwicklung, Umweltschutz und Tiergesundheit, das alles ist nicht mehr miteinander im Einklang. Ökonomie und Ökologie sind nicht miteinander versöhnt. Im Gegenteil: Die Lage auf kommunaler und regionaler Ebene spitzt sich insbesondere in den Veredlungsregionen weiter zu. Die industrielle Agrarwirtschaft marschiert und die landschaftsprägenden Bauernhöfe werden an die Wand gedrückt. Ärger und Ratlosigkeit in den Bauernfamilien, Gemeinderäten und Kreistagen sind quasi zum Dauerzustand geworden.

Das entscheidende Manko: Der deutsche Gesetzgeber hat das agrarpolitische Ziel der Landbewirtschaftung in Form einer nachhaltigen Sicherung der attraktiven Kulturlandschaften nicht verlässlich formuliert und demzufolge auch keine zielorientierten Strategien dazu entwickelt, die von den Bürgern in den unterschiedlichen Regionen mitgetragen werden können. Weil die Ziele nicht klar sind, sind die Wege unsicher und das ist gefährlich nach allen Seiten.

Vor allem: Es drängt die Zeit. Europa wird größer und die Welt wird kleiner. Die Osterweiterung der EU steht vor der Tür und der Weltmarkt für Agrarprodukte drängt nach noch mehr Freiheit. Aufzuhalten ist das nicht; es besteht auch kein Grund dazu. Allerdings: Die Kulturlandschaften in Deutschland drohen unter die agrarpolitischen Räder zu geraten. Sie könnten nicht wieder gutzumachenden Schaden nehmen und dieser Preis wäre allemal zu hoch.

Deshalb werden hier die Ziel- und Strategievorstellungen aus meiner Veröffentlichung „Revolution auf dem Lande" [1] zu Ostern 2001 erneut aufgegriffen und am Beispiel des aktiven landwirtschaftlichen Unternehmens „Emshof" mit klaren Konturen versehen. Sie mögen die mangelnde Sachkenntnis abbauen, den fruchtbaren Dialog um ein überzeugendes Ziel und ein tragfähiges Konzept fördern und zu einer tatsächlichen agrarpolitischen Wende führen, die lange Zeit hält.

---

1) s. S. 2

Der „Emshof" zum Beispiel

Es war eine wesentliche Schwäche langjähriger Agrarpolitik, dass zu wenig aus der direkten Sicht der Bauernhöfe gestaltet und entschieden wurde. Die seit fünfzig Jahren gesetzlich vorgeschriebenen Agrarberichte haben zwar die Fakten auf den Tisch gebracht, aber für die bäuerlichen Unternehmen keine überzeugenden Zielvorstellungen daraus entwickelt.

Nacheifern, dranbleiben, Marktanteile verteidigen, Produktqualität sichern, Produktsicherheit garantieren und bei der Ausschöpfung des technischen Fortschrittes die Möglichkeiten in immer größeren Strukturen suchen, das ist alles selbstverständlicher Alltag auf den Höfen. Diejenigen, die noch dabei sind und auch gern dabei bleiben wollen, haben keine Angst vor den fortschrittlichen Berufskollegen aus Holland, Dänemark und sonstwo auf der Welt. Die Existenzbedrohung für ihre Höfe kommt aus einer anderen Richtung. Nicht nur Korn und Milch und Fleisch und Eier wollen und sollen sie erzeugen, sondern dabei auch Acker und Grünland und Wald und das gesamte ökologische Netz auf ihren Höfen sollen sie in Ordnung halten. An dieser Stelle drückt der Schuh. Nicht nur bei den pflanzlichen und tierischen Verkaufsprodukten wird Qualität verlangt, sondern auch bei den unverkäuflichen, flächengebundenen Ökoprodukten in der Naturlandschaft.

Diesbezügliche Mahnungen beim Wegräumen von Wallhecken, Feldrainen und Ökoinseln, bei der Anwendung von Pflanzenschutzmitteln und Medikamenten, beim Bau von Viehställen in der freien Naturlandschaft und beim Gülletransport und Tiertransport über weite Strecken hinweg bewirken Druck und Verunsicherung auf den

Höfen und leider auch erheblichen Ärger in den Gemeinden. Das ist auf dem „Emshof", der an dieser Stelle stellvertretend für alle aktiven Bauernhöfe detailliert in die Sachauseinandersetzung eingebracht werden soll, auch so gewesen und das seit vielen Jahren. Der jahrhundertealte Familienbetrieb hat in vorteilhafter Einzelhoflage eine gute Chance zum Überleben. Er hat den Anschluss nicht verpaßt. Der Meisterbrief hängt im Büro des jungen Unternehmers und die Familienverhältnisse im Anschluss der Generationen kommen dem Unternehmen täglich zugute.

Aber nicht so sehr die Unternehmerfamilie, sondern mehr die zukünftige europäische, nationale und regionale Agrarpolitik wird darüber entscheiden, ob der „Emshof" als Haupterwerbsbetrieb erfolgreich weiter wirtschaften kann oder nicht. Erst in zweiter Linie wird es die unternehmerische Leistung der bäuerlichen Familie sein, die das Ganze sichert.

Sollten nämlich bei der unausweichlichen Öffnung des Weltmarktes für Agrarprodukte die Verkaufserlöse dieses Betriebes, wie Brüsseler Experten prognostizieren, noch einmal um ein Drittel sinken, gerät die Familie unter gewaltigen Einkommensdruck. Und das, obschon auf dem Hof der technische Fortschritt ausgeschöpft ist, von morgens bis abends sinnvoll gearbeitet wird und die familieneigenen Voll- und Teilzeitarbeitskräfte die im System liegende Nähe von Arbeitsplatz und Familienleben optimal miteinander kombinieren.

Wenn dann parallel zum preisdrückenden Marktgeschehen auch noch die Flächenprämien, die Bullenprämien und weitere produktbezogene Vergünstigungen

wegfallen, dann ist das Aus für den „Emshof" unausweichlich da.
Bleibt die Frage: Wo ist für ihn und seine Nachbarn der agrarpolitische Ausweg, wenn es nicht lediglich beim „Wachsen oder Weichen" in hoher Geschwindigkeit und beim „Retten, was noch zu retten ist" bleiben soll.
Die existenzbedrohende Zangenbewegung mit sinkenden Verkaufserlösen unter Weltmarktbedingungen auf der einen Seite und wegfallenden produktbezogenen Subventionen auf der anderen Seite darf nicht das letzte Wort der gewählten agrarpolitischen Verantwortungsträger sein. In dieser sich zuspitzenden Lage müssen sie überzeugend agieren und das Ziel und die zielorientierte Strategie dazu deutlich markieren.
Auf den „Emshof" bezogen: Wenn dieses landwirtschaftliche Unternehmen in seiner Heimatgemeinde, zusammen mit mindestens einigen anderen Höfen, überleben soll, muss umgehend eine überzeugende Begründung dafür her, und diese Begründung muss mehrheitsfähig sein bei den Bürgern in der Gemeinde und im Lande. Und es kann dann nur die Kulturlandschaft sein, die überzeugt. Sie ist das A und O. Sie soll flächendeckend intakt bleiben: durchaus Veränderungen unterworfen, aber insgesamt doch vielfältig strukturiert und so gestaltet, dass es der Menschenwelt und Tierwelt und Pflanzenwelt nachhaltig gut bekommen kann. Die Kulturlandschaft also als unabdingbare, aber auch agrarpolitisch ausdrücklich benannte Grundlage aller bäuerlichen Existenzen der Zukunft; die Kulturlandschaft eben als Träger einer agrarpolitischen Revolution, die sich von den reinen Erzeugungsschlachten auf dem Acker und im Stall verabschiedet und die ökonomische Kosten-Nutzen-

Rechnung auf den Bauernhöfen ausdrücklich um die ökologischen Komponenten in der Naturlandschaft erweitert, die das Ganze erst wertvoll machen für die Öffentlichkeit.

Vergleichsweise hervorzuheben: Gesamtwirtschaftlich und gesellschaftlich gesehen geht es tatsächlich um etwas Besonderes; es geht nicht um etwas wie Bergbau oder Werftindustrie und auch nicht um Arbeitsplätze wie an der Werkbank oder wie im Einzelhandel; es geht um die Kulturlandschaft und das ist das Besondere, das in der Kosten-Nutzen-Rechnung der Ökonomen aus der Reihe tanzt und nicht so einfach zu fassen ist.

Und der Ort des Geschehens ist, wenn's darauf ankommt, die Region bzw. die Gemeinde, die am Ende mit dieser Besonderheit der flächendeckenden Kulturlandschaftspflege nicht allein gelassen werden will. Die gesamte Kulturlandschaft flächendeckend pflegen, das ist letzten Endes der immerwährende Gestaltungsauftrag der Dorfgemeinschaft; ein Auftrag, der jetzt ernst macht und der bei Abwägung aller möglichen Alternativen nur die aktiven Landwirte sieht, die mit allem, was ihre in sich geschlossenen Höfe ausmacht, diesen Auftrag im öffentlichen Interesse zufriedenstellend ausführen können.

Und während sich zukünftig Import und Export an den Grenzen der wachsenden EU nicht mehr um die Mengen kümmern, sondern sich auf die Produktqualität und die Produktsicherheit konzentrieren, tritt auf den Bauernhöfen in den Regionen dieser anspruchsvolle kommunale Auftrag hinzu, nämlich die gesamte Kulturlandschaft in hoher Produktqualität zu hegen und zu pflegen. Und dieser Auftrag, der ja nicht neu ist, macht die eigentliche agrarpolitische Wende aus, die eine

radikale Neuorientierung im Konzept erzwingt. Die Skizze von der arrondierten Kulturfläche des „Emshof" kann deutlich machen, um welche strukturelle Vielfalt im Wechsel der ökologischen Produkte es geht, und dass immer ein aktiver Bauer dahinter stehen muss, der diese strukturelle, ökologische Vielfalt hegt und pflegt. [1)]
Alle wollen diese Vielfalt. Alle erfreuen sich an dieser Vielfalt und nehmen sie als Erholung suchende Wohlstandsbürger auf Schusters Rappen oder mit dem Fahrrad wie selbstverständlich in Anspruch. Kommunale Mautgebühren? Unvorstellbar! Naturlandschaftsgebühren? Nicht unvorstellbar! Ökologische Dienstleistungen an der Kulturlandschaft sind in Zukunft nicht mehr kostenlos zu haben.

---

1) s. S. 87

Das Dienstleistungshonorar

Die Zeit ist längst reif für das ökologische Dienstleistungshonorar. Bei den meisten Bürgern ist die Grundüberzeugung gewachsen, dass die Kulturlandschaften in Deutschland nicht weiter unter Druck geraten dürfen und dass es eindeutig die Landwirte sind, die am besten dafür sorgen können.
Sie werden es aber nur dann tun, wenn sie einen tragfähigen, nachhaltigen Struktur- und Wettbewerbsrahmen dafür bekommen. Er muss ihnen für die flächendeckende Pflegetätigkeit den angemessenen Lohn sichern und finanziellen Anreiz genug geben, dass sie auch bei sinnvoller Ausschöpfung des technischen Fortschritts die Kulturlandschaften nicht weiter ausräumen, sondern eher wieder einräumen.
Klar und deutlich: Nur wenn im agrarpolitischen Zielkonzept jeder Landwirt seine Arbeit mit dem Wald, mit der landwirtschaftlichen Nutzfläche und mit der gesamten ökologischen Vernetzung über Wallhecken, Randstreifen und Ökoinseln unterschiedlichster Art angemessen bezahlt bekommt, kann er die Kulturlandschaft auf seinem Hof so intakt halten, wie die über Land fahrenden und Erholung suchenden Bürger in Stadt und Land sich das vorstellen und wünschen.
Jahr für Jahr erstellt der aktiv wirtschaftende Unternehmer auf dem „Emshof" ökologische Landschaftsprodukte, die er nicht auf dem Markt verkaufen kann. Seine Dienstleistung an der Kulturlandschaft ist da. Konkret bezahlt bekommt er sie nicht. Sie erfasst alle Katasterflächen des Hofes, die Eigentumsflächen und die Pachtflächen. Ein differenzierender Ökoproduktekatalog kann sie auflisten

und unter ökologischen Kriterien kostenmäßig erfassen. Fachlich ist das kein Problem, so dass es beim Honorar gerecht zugehen kann. Und der bürokratische Aufwand für eine fachgerechte Datenerfassung des ökologischen Tuns ist gemessen an der jetzigen bürokratischen EU-Prämienantragswirtschaft auf dem Hof ebenfalls nicht von Belang.

Wesentlicher ist: Es geht um eine agrarpolitische Grundsatzentscheidung, die eine parlamentarische Mehrheit sucht und schließlich auch in Brüssel durchgesetzt werden muss. Das ist die Hürde, die genommen werden muss. Und die angemessene finanzielle Höhe des Entgeltes für die ökologischen Dienstleistungen bleibt dann allemal noch entscheidend. Der Anreiz muss im einzelnen so stark sein, dass der Dienst an der vielfältigen Kulturlandschaft auch tatsächlich erbracht wird; die ökologische Dienstleistung am Wald, an den Wallhecken und Windschutzanlagen, an den Gewässern und Feuchtgebieten, an den Randstreifen der Felder, an den vielfältigen Ökoinseln im ökologischen Netz und an der landwirtschaftlichen Nutzfläche selbst, die das Bild der offenen Kulturlandschaft in besonderer Weise mitprägt.

Das Honorar kann nur flächengebunden bemessen werden, dort, wo die Dienstleistung tatsächlich geschieht. Es hat nichts zu tun mit der Betriebsform, mit der Betriebsgröße, mit der Zahl der Arbeitskräfte, mit der Wirtschaftsweise und auch nicht mit der Intensitätsstufe der Flächenproduktion. Es ist deshalb auch nicht von Belang, ob die Landbewirtschaftung im Betrieb konventionell oder im „ökologischen Landbau" betrieben wird.

Das Dienstleistungshonorar soll auch den Strukturwandel nicht bremsen, jedenfalls nicht im herkömmlichen Sinne.

Es geht einzig und allein um den Anreiz und den Arbeitslohn bei der flächendeckenden Kulturlandschaftspflege in guter fachlicher Praxis. Und es geht damit um eine grundlegend andere und neue agrarpolitische Zielsetzung im Vergleich zu den bisher eher ziel- und konzeptionslosen Flächen- und Marktproduktprämien in der EU. Ein Honorar also, das im Gegensatz zum bisherigen Stützungsverfahren auf jegliche marktwirtschaftliche Systemsteuerung verzichtet. Es zielt direkt auf das Erreichen von Umweltzielen zu geringsten Kosten, am Ende zusammengeschmolzen auf die Managementqualität des landwirtschaftlichen Unternehmers, der die Kulturflächen bewirtschaftet und die ökologischen Landschaftsprodukte wirkungsvoll hinstellt. Ein Honorar schließlich auf der Grundlage eines bundesweiten Kulturflächen-Finanzbudgets, das über einen gesetzlich verankerten, bundesweit gültigen Ökoproduktekatalog [1] an die aktiv wirtschaftenden landwirtschaftlichen Unternehmer ausgezahlt wird. Ein Honorar aber auch, das vor Ort in regionaler und kommunaler Verantwortung politisch ausformuliert werden soll und über dessen Höhe bei den einzelnen katalogisierten Ökoprodukten ebenfalls vor Ort mit Prioritätensetzung und weitgehender öffentlicher Übereinstimmung entschieden werden soll.

---

1) s. S. 79

Für den „Emshof" kann sich folgendes Gestaltungsszenario ergeben:
Dem für ihn zuständigen Landkreis Emsland wird, wie allen Landkreisen in der Bundesrepublik, zweckgebunden pro Hektar Kulturfläche ein dauerhaftes, kalkulierbares Finanzbudget zur Verfügung gestellt. Der Kreistag gibt das Budget in politischer Mehrheitsentscheidung in Form von Schlüsselzuweisungen an die Gemeinden weiter. Und diese können dann direkt vor Ort in sinnvoller Subsidiarität die notwendigen finanziellen Anreize zur Erstellung der gewünschten ökologischen Kulturflächenprodukte in der ebenso gewünschten Mischung und Vielfalt beschließen. Nur Gestaltungseckpunkte, die auf Landkreisebene für alle Gemeinden gleich sein sollen, legt der Landkreis fest. Und nur über die Höhe des zweckgebundenen Grundbudgets für die ganze Bundesrepublik entscheidet das Bundesparlament in Berlin.
Das kataloggebundene Gesamthonorar für den „Emshof" würde sich also im wesentlichen auf Beschlusslage der regionalen und kommunalen Ebene ergeben. Wenn der bundeseinheitliche, zweckgebundene Budgetbetrag in bestimmter Höhe pro Hektar landwirtschaftlich bewirtschafteter Kulturfläche gesetzlich gesichert ist und sozusagen als agrarpolitische Garantie für die Kulturflächenbewirtschaftung nachhaltig bereit steht, können regionale und kommunale Parlamente das neue agrarpolitische Konzept zielorientiert in die revolutionäre Tat umsetzen. In welcher Höhe der „Emshof" seine ökologischen Kulturlandschaftsprodukte Wald, Wallhecken, Feldraine, Feuchtbiotope, landwirtschaftliche Nutzflächen und weitere, das ganze verbindende

ökologische Netzwerke honoriert bekommt, werden Gemeinderat und Kreistag entscheiden; natürlich mit Nachhaltigkeit, mit Verläßlichkeit und mit Kalkulierbarkeit, mit Ziel und zielorientierten Strategien, die das vorhandene, bereits durchnumerierte Flächenkataster nutzen, es um ökologische Katalogprodukte ergänzen und in bereits gewohnter Weise umfassend kontrollierbar machen.

Die ökologischen Produkte

- Wald

Der Grundrahmen eines tragfähigen, bundeseinheitlichen Ökoproduktekataloges geht davon aus, dass alle Agrarerzeugnisse dem freien Wettbewerb auf dem Markt ausgesetzt sind und dass Angebot und Nachfrage den Preis bestimmen.
Dass aber beispielsweise der Bauernwald im Emsland für seine nachhaltige Erhaltung nicht genug Verkaufserlöse abwirft, kann der Bürger mit bloßem Auge erkennen. Die Flächen sind nicht krank, aber häufig genug nicht so gepflegt, wie es sich gehörte und wie die Bauern selbst es gern beim Durchforsten bewerkstelligen würden. Urwaldverhältnisse schaffen, das ist im Zuge der Ökowelle häufig genug ausprobiert worden, hat sich aber als flächendeckende Problemlösung in der Bewirtschaftung von Wäldern nicht bewährt. Die Arbeit mit dem Wald ist schlicht und einfach da. Und was sie in der Ertrags- Aufwandsrechnung unterm Strich an Kosten verursacht, muss und kann im ökologischen Dienstleistungshonorar benannt werden. Jedes staatliche Forstamt wird diesbezüglich zuverlässige Auskunft geben. Anders ausgedrückt: Das notwendige Pflegehonorar für den Wald kann überall im Lande in seiner angemessenen Höhe ausgewiesen werden. Die Wohlstandsgesellschaft braucht ihr öffentliches Interesse daran nur deutlich genug zum Ausdruck zu bringen, dann wird die Agrarpolitik ihr unverzüglich folgen.
Gewiß: Es gibt Waldbauern, die von der Bewirtschaftung ihrer Waldflächen leben können. Emsländische Landwirte können das nicht. Für sie ist der Wald ein Zusatzgeschäft. Ein angemessenes Pflegehonorar muss

also im Ökoproduktekatalog danach differenzieren, um welche marktfähigen Holzbestände es regional und im Einzelfall des Unternehmens geht. Grundsätzlich vorweg und radikal neu steht allerdings die agrarpolitische Forderung, dass die Waldfläche im Kulturlandschaftspflege-Budget der Bundesrepublik überhaupt erst einmal mit erfasst wird. Über die konkrete Honorarhöhe können dann die Regionen und Kommunen in eigener Verantwortung direkt vor Ort entscheiden. Und sie werden differenziert vorgehen. Wo es fast keinen Wald gibt, ist er sehr erwünscht und wo es fast nur Wald gibt, braucht seine Bewirtschaftung entsprechend wenig ökologische Stützung. Dafür sind dann andere Ökoprodukte mehr gefragt, die die Kulturlandschaft in der waldreichen Gemeinde herausputzen und attraktiv machen.

Die Bürgerschaftsvertreter werden deshalb, wenn sie das Honorar für einen Hektar Wald festlegen, womöglich in zwei oder drei Strukturstufen verfahren und über ein Bonus/Malus-System zusätzlich unternehmerische Gegebenheiten und kommunale Wünsche berücksichtigen.

Im Emsland ist der Wald ein relativ knappes Kulturgut. Die für den „Emshof" zuständige Gemeinde will deshalb auf den Waldanteil ganz sicher nicht verzichten. Er beträgt im Betrieb rund 30% und liegt damit deutlich über dem regionalen, emsländischen Durchschnitt. Es handelt sich vorwiegend um Mischwald auf leichten Böden mit etwa 25 von 100 möglichen Bodenbewertungspunkten. Beteiligt sind Kiefer, Fichte, Lärche, Birke, Erle, Esche, Pappel und Eiche, also alles, was das Landschaftsherz begehrt. Der Ertrag ist, der mageren Bodenqualität entsprechend, niedrig, aber der ökologische Wert der Flächen dafür um so höher. Die

Kleinparzellierung und die Form der Parzellen geben der Vielfalt noch zusätzliche Stützung. Die 19 Hektar teilen sich auf in 12 Einzelparzellen, und gerade auch diese Kleinparzellierung bewirkt zusammen mit den Wallhecken und Windschutzanlagen eine angenehme Vernetzung über das ganze Unternehmen hinweg.

Das ökologische Netz auf dem „Emshof" ist das Ergebnis jahrhundertealter Kultivierungsarbeiten in einer ursprünglich relativ feuchten Moor- und Heidelandschaft. Deshalb sind die Waldparzellen auch nicht rechteckig wie in den emsländischen Tiefpflug- und Siedlungsgebieten, sondern krumm und schief und eingefasst vom nach und nach entstandenen Wege- und Gewässernetz, das sich ebenfalls der Ursprungslandschaft angepasst hat. An dieser Grundstruktur hat auch das Flurbereinigungs- und Wasserregulierungsverfahren vor 30 Jahren wenig verändert. Die letzten Ödlandflächen für Kiebitz und Brachvogel sind zwar nicht mehr vorhanden, aber die ökologische Vernetzung der knapp 80 Hektar Gesamtkulturfläche ist sehr stabil geblieben. Dafür hat nicht zuletzt auch die für die Umgestaltung mitverantwortliche Bauernfamilie auf dem „Emshof" selbst gesorgt. Sie wollte die Naturlandschaft des Hofes nicht ausräumen, sondern wettbewerbsfähig machen für zukünftige Generationen. Und wenn der Hof überlebt, werden sie es ihr danken.

Das Resümee: Die Gemeindeväter werden alles in allem für den Wald auf dem „Emshof" ein relativ hohes Pflegehonorar festsetzen. Wenn sie im obligatorischen, bundeseinheitlichen Ökoproduktekatalog mehrere Strukturstufen zur Verfügung haben und noch zusätzlich ökologische Bonusprozente ansetzen können, kommt vielleicht sogar die höchstmögliche Honorarstufe in Frage.

Konzeptionell vorstellbar also, dass das öffentliche Schutzgut Wald in seiner überregionalen und globalen Bedeutung in Deutschland mit einem Grunddienstleistungshonorar bedacht wird so wie alle anderen Kulturflächen auch, dass aber erst in der Region und in der Gemeinde die Struktur und die positiven und negativen Aspekte in der ökologischen Dienstleistung erfasst werden.

Wald roden ist dem „Emshof" gesetzlich verboten. Er kann keinen Quadratmeter mehr in Ackerland umwandeln und ohne behördliche Erlaubnis auch keine ökonomisch sinnvolle Parzellenbegradigung mehr vornehmen. Mit welchem Arbeits- und Kostenaufwand der „Emshof"-Bauer seinen Wald ökologisch sinnvoll pflegt und in Ordnung hält, darum hat sich der Rodeverbotsgesetzgeber allerdings bisher nicht gekümmert. Er wird es so schnell es geht mit einem angemessenen Pflegehonorar nachholen müssen. Was dabei zählt ist der Qualitätsanspruch der Bürger in ihrem öffentlichen Interesse am Wald. Und diesem Anspruch kann der Gemeinderat mit seinen strukturellen und ökologischen Zielvorstellungen mehrheitlich gerecht werden. Das Waldpflegehonorar wird dann seine zielorientierten Wirkungen in der örtlichen Naturlandschaft nicht verfehlen.

- Wallhecken, Feuchtgebiete, Hofstellen

Was für den Wald gilt, gilt in ähnlicher Form auch für die Wallhecken und die Windschutzanlagen. Die Arbeit ist da. Wenn die Hecken nicht beizeiten auf den Stock gesetzt werden, können sie ihren landschaftsprägenden und landschaftsschützenden Charakter nicht behalten. Das komplette Abholzen in regelmäßigen Abständen ist unverzichtbar, verursacht allerdings auch hier wie beim Wald mehr Aufwand als Ertrag. Daran kann auch die in Mode kommende Verwertung über moderne Verbrennungs- und Energiegewinnungsanlagen nichts ändern. Plus/minus Null, das ist das Mindeste, was der aktiv wirtschaftende landwirtschaftliche Unternehmer bei der Wallheckenpflege erwartet. Er kann deshalb auf den Pflegeanreiz über ein angemessenes Honorar nicht verzichten.

Der „Emshof" hat immerhin rund 1000 laufende Meter Wallhecken in Pflege, in unterschiedlichen Breiten und mit einem Flächenumfang von etwa einem halben Hektar. Verkaufserlöse bringt das nicht. Ertrag und Aufwand können nicht ausgeglichen werden. Ein angemessenes Pflegehonorar in kommunaler Entscheidungsverantwortung muss deshalb auch an dieser Stelle des ökologischen Netzes Ökonomie und Ökologie miteinander versöhnen. Dann jedenfalls täte der gesetzlich verordnete Schutz der Wallhecken auf dem „Emshof" nicht mehr weh. Und aufhören würde das allmähliche Einengen und Kürzen der Hecken bis hin zum totalen Wegpflügen mit starkem Gerät. Aufhören würde auch die immer wieder zu beobachtende, bewusst unsachgemäße Bewirtschaftung mittels Überalterung des Pflanzenbestandes zu Einzelbäumen, die schließlich nach erfolgtem Kahlschlag nicht mehr nachwachsen. Die Hecke ist dann kaputt. Die Landschaft ist dann ärmer geworden. Ein unerfreuliches Bild, das in fast jeder

Gemeinde unseres Landes als schleichender Prozess wahrgenommen werden kann.

Der „Emshof" unterhält auf seinen bewirtschafteten Flächen, also über den Bereich hinaus, den der örtliche Wasser- und Bodenverband im Wege- und Gewässernetz im allgemeinen kommunalen Auftrag bewirtschaftet, auch noch rund 700 laufende Meter Gräben, etwa 1000 m² Feuchtbiotope und eine Streuobstwiese direkt am Hof in der gleichen Flächengröße. Auch diese drei Verbindungsstücke im ökologischen Netzwerk verdienen spezielle Beachtung, werden nicht selbstverständlich so erhalten wie sie momentan vorhanden sind und sollten deshalb durch ein angemessenes Dienstleistungshonorar einen sichernden Anreiz bekommen. Das gilt dann schließlich auch noch für die Hofstelle selbst in ihrer landschaftsprägenden Einzelhoflage mit den uralten Eichen und der üblichen, festen Umzäunung; eine Hofstelle als willkommenes Strukturelement in der Kulturlandschaft; eine Hofstelle, bei deren Pflege die Bauernfamilie sozusagen im Dauerauftrag am kommunalen Programm „Unser Dorf soll schöner werden" Jahr für Jahr teilnimmt.

Im Ergebnis: Kein Bürger möchte auf die schönen Bauernhöfe im Dorf verzichten, ganz gleich in welcher Region unseres Landes man sich befindet. Die Hoflagen kosten aber Geld und das wesentlich mehr als beispielsweise bei einem Einfamilienhaus in einer Wohnsiedlung. Möglich deshalb, dass die Gemeindeväter auch an dieser Stelle des ökologischen Netzes in der Kulturlandschaft ein angemessenes Honorar ansetzen wollen, das die Dienstleistung auf dem Hof von der selbstverständlichen Pflege in den gemeindlichen Wohnsiedlungen abhebt.

- Feldraine

Umfassende Kulturlandschaftspflege kümmert sich aber nicht nur um Wald, Wallhecken, Feuchtbiotope und Hofstellen. Flora und Fauna waren auch immer schon dankbar für breite Randstreifen an den Gräben, Wegen und zwischen den Feldern. Diesbezügliche Förderprogramme auf der agrarpolitischen Bühne sind gekommen und gegangen. Sie waren am Ende nur Strohfeuer, weil kein überzeugendes Gesamtkonzept dahinter stand und vor allem auch keine verlässliche und nachhaltige Finanzierung. Bei dem allzeit knappen Produktionsfaktor Nutzfläche und weiter fortschreitender Bodenbearbeitungstechnik ist auch der letzte Quadratmeter für den direkten Anbau von Verkaufsfrüchten und Futterpflanzen ausgenutzt worden. Kein Wunder, dass dabei die Feldraine schmaler geworden oder sogar ganz verschwunden sind. Ein verhängnisvoller Trend. Und es fehlt der Anreiz, ihn umzudrehen. Es fehlt das Honorar für das Anlegen und Unterhalten von Randstreifen. Und das Honorar muss hoch genug sein für freiwillige Veränderungen zugunsten der Natur, es muss gesetzlich garantiert werden und vor allem nicht den jährlichen Etatberatungen in den Parlamenten unterliegen.
Randstreifen sind vielleicht das wertvollste Element im ökologischen Netzwerk der Bauernhöfe, weil sie bei der unverzichtbaren, intensiven Nutzung von Acker- und Grünland so sehr in Gefahr sind. Unsere holländischen Nachbarn haben ihren aktiven Höfen für Feldraine einfach eine Mindestbreite von 1 Meter verordnet. Das ist zu wenig. Aber in Deutschland hat sich die Agrar- und Strukturpolitik ganz vor der Antwort gedrückt und die

Angelegenheit einfach dem freien Spiel der ökonomischen Kräfte überlassen. Die Wirkung für Flora und Fauna ist entsprechend negativ ausgefallen. Die Landschaft ist ärmer geworden an dieser Stelle der Natur. Nur ein nachhaltiges Pflegedienstleistungshonorar kann das grundlegend ändern.

Konkret denkbar: Einer verordneten und gleichzeitig honorierten Randstreifenmindestbreite von 1 Meter wird in zwei Stufen für mehr Breite ein entsprechend höheres Dienstleistungshonorar hinzugegeben, das die aktiven Bauern auch bei knapper Fläche tatsächlich freiwillig in Anspruch nehmen. Ein über dem ortsüblichen Pachtsatz liegendes Flächenhonorar für Randstreifen in drei unterschiedlichen Finanzierungsstufen würde die gewünschte und notwendige Grundsicherung erreichen und sie vielleicht sogar weiter ausbauen. Am Ende auch wiederum eine Frage der Prioritätensetzung in der Gemeinde, die im Bonus/Malus-System das Gestaltungsinteresse vor Ort zusätzlich deutlich machen kann. Wie der aktiv wirtschaftende Landwirt dann tatsächlich verfährt, ist ihm allein überlassen. Ob er bei den laufenden Metern Randstreifen und bei ihrer Breite Veränderungen vornimmt oder nicht, ist seine Sache. Viel Beständigkeit über die Jahre hinweg täte dem Natur- und Landschaftsschutz natürlich gut. Aber ein stabiles Honorar kann gerade auch diese gewünschte Kontinuität in der freien Naturlandschaft wohl bewirken.

Auch der „Emshof" behielte im derart angesetzten neuen agrarpolitischen Konzept die freie Entscheidung, ob er die jetzt vorhandenen 5000 laufenden Meter Feldraine beibehält, einengt oder in Länge und Breite weiter ausbaut. Er kann sie, bezogen auf die bisherige Struktur, an mehreren Stellen durch Parzellenzusammenlegung verkürzen. Er kann sie aber auch verlängern und vor allen Dingen noch verbreitern, wenn er den entsprechenden finanziellen Anreiz dafür bekommt. Die bereits relativ vielfältige Struktur in seinem Unternehmen läßt da noch eine ganze Menge zu. Hauptsache, das systematisch angesetzte Dienstleistungshonorar für seine Randstreifen nagelt ihn nicht fest auf eine bestimmte Struktur, eine bestimmte Länge und eine bestimmte Breite und auch nicht auf eine bestimmte Zeitdauer. Bei garantierter ökonomischer und ökologischer Flexibilität wird er die Dienstleistungschance nutzen, innerhalb des kommunalen Finanzrahmens auswählen und sein einzelbetriebliches Konzept festlegen; und das ohne komplizierte, vertragliche Vereinbarung, ausschließlich auf der Basis des für ihn in seiner Gemeinde gültigen Ökoproduktekataloges mit den womöglich drei Honorarstufen, ergänzt um die kommunalen Sonderinteressen, die das Anlegen und Pflegen von Randstreifen finanziell zusätzlich belohnen.

- Ackerland

Ökologische Gestaltung mit System schließlich auch im Ackerbau und in der Grünlandnutzung, eine Gestaltung in möglichst einfacher Struktur, aber mit ebenso konsequenter Flexibilität und Entscheidungsfreiheit für den aktiven Bauern auf dem Hof. Und es gibt sie, diese Gestaltungseffekte, wenn der Anreiz dazu da ist. In den vergangenen Jahren sind beispielsweise beachtliche Erfolge für die Pflanzen- und Tierwelt Mode geworden auf Stillegungsflächen. Emsländische Kommunen, Landwirte und Jägerschaften haben vor Ort einiges zustande gebracht. Kräftige Farbtupfer in der Landschaft mit Wildkräutern und Wildschutzmischungen in leuchtender Blütenpracht und in den unterschiedlichsten Wuchshöhen haben nicht nur der Erholung suchenden Bevölkerung Freude bereitet, sie sind auch Flora und Fauna, insbesondere über die Wintermonate hinweg, schützend zugute gekommen. Eine Fruchtfolge mit „non Food-Flächen" also, die Geld kostet im Anbau und die bislang mit Stillegungsprämien aus Brüssel bedacht wurde. In einer überzeugenden agrarpolitischen Zukunftsvision können gerade solche Flächen zu bezahlten Ökoprodukten in der Fruchtfolge werden und ähnlich wie die Wallhecken und die Feldraine zu einem festen Bestandteil einer agrarpolitischen Konzeption, die der Kulturlandschaft Priorität verschafft und immer gleichzeitig auch zur Existenzsicherung einer ausreichenden Zahl von Bauernhöfen in der Fläche beiträgt.

Fruchtfolgegestaltung mittels „non Food-Flächen" als honorierbares, ökologisches Angebot, in der Region entschieden, Subsidiarität pur, aber auch Muster für andere Regionen, Grundkonzept für alle europäischen Nachbarn, und dann auch bereits denen zur Nachahmung empfohlen, die in den nächsten Jahren noch hinzukommen wollen in der EU.

Der „Emshof" bewirtschaftet aktuell rund 55 Hektar landwirtschaftliche Nutzfläche. Sie sind nach einer Melioration vor 30 Jahren bis auf einen kleinen Rest ackerfähig und werden aus ökonomischen Gründen selbstverständlich auch entsprechend genutzt.

Für die Getreide- und Stillegungsflächen hat der junge Unternehmer seit 1992 eine EU-Ausgleichsprämie bekommen, damit er nach Öffnung der EU-Grenzen für das Getreideweltmarktpreisniveau im internationalen Wettbewerb bestehen konnte. Ganz sicher wird er in Zukunft bei der Erzeugung von marktfähigen Gütern generell ohne derartige staatliche Subventionen auskommen müssen und das auf einem Standort, der ohnehin schon den Stempel eines von der Natur benachteiligten Gebietes trägt. Diesen finanziellen Aderlass bei den marktfähigen Erzeugnissen von der Fläche und aus dem Stall wird er nur dann verkraften, wenn er – völlig neu im agrarpolitischen System – für seine nicht marktfähigen, öffentlichen Güter auf den knapp 80 Hektar Kulturfläche ein angemessenes Dienstleistungshonorar bekommt. Und ein Ökoprodukt öffentlicher Güte ist dann eben auch und vor allen Dingen das Offenhalten der Landschaft mit Ackerflächen und Wiesen und Weiden. Ökologische Vielfalt durch Wechsel in den Flächen, das stützt die kommunale Zielvorstellung vom gewünschten Landschaftsbild in Dorf und Flur und verdient deshalb den finanziellen Dienstleistungsanreiz durch die öffentliche Hand.

Ein revolutionär neuer Ansatz: Bisher sollten die EU-Prämienzahlungen auf dem „Emshof" die Einkommensverluste kompensieren, die durch den Politikwechsel im Jahre 1992 am EU-Markt verursacht wurden; sie sollten nicht die Kostenunterschiede bei der Erzeugung ausgleichen, sondern nur das Marktpreisniveau. Wenn aber in Zukunft alle EU-Prämien wegfallen, entscheidet das Ertrags-Aufwandsverhältnis, entscheidet die Bodenqualität, entscheidet letztendlich der Standortvor- oder Standortnachteil, und das nicht nur national, sondern europaweit. So weit, so gut, denn der Markt soll entscheiden und es soll fair zugehen dabei. Das heißt aber auch: Wenn in diesem freien Spiel der Kräfte die Standorte mit den leichteren Böden und mit der geringeren Ertragsfähigkeit nicht von vornherein auf der Strecke bleiben sollen, bedürfen sie der besonderen Aufmerksamkeit der Öffentlichkeit und der Politik.

Über alle Grenzen hinweg werden bei offenem Markt Produktqualität und Produktsicherheit im Vordergrund stehen; diese beiden Kriterien werden Export und Import bestimmen. Sie werden aber eben auch über größere Angebotsmengen aus Übersee die Entwicklung der Flächenbewirtschaftung in den deutschen Regionen wesentlich stärker beeinflussen als bisher.

Niedriges Ertragsniveau, niedriges Preisniveau: Dem „Emshof" erwächst dann aus dieser Konstellation die Existenzfrage. Kann er unter diesen Umständen überhaupt weiter wirtschaften? Kann er seine landwirtschaftlichen Nutzflächen und seine Kulturflächen auf dem Hof weiterhin in Bewirtschaftung halten? Liegt die flächendeckende Bewirtschaftung der Kulturflächen weiterhin im öffentlichen Interesse? Kann ihm deshalb als Anreiz ein flächendeckendes Dienstleistungshonorar zugesprochen werden? Welche strukturelle Vielfalt seiner Kulturfläche soll der Emshof-Bauer seiner Ratsmehrheit in der Gemeinde anbieten?

Wenn es zum Schwur kommt: Auch und gerade die Kulturlandschaften auf den leichten Standorten sollen nach dem Willen der Wohlstandsbevölkerung intakt bleiben. Für Fehlentwicklungen bis hin zu total verlassenen Regionen gibt es warnende Beispiele genug in Europa und in der Welt. Keine Wohlstandsgesellschaft, und schon gar nicht die deutsche, will ganze

Landstriche aufgeben, weil sich das Ackern nicht mehr lohnt und die Bauern die Pflege von Wald und Flur nicht mehr allein tragen können.

Die Konsequenz für den „Emshof" liegt auf der Hand: Gemeinderat und Kreistag werden sich neu und erstmals völlig ungewohnt eine Strategie überlegen müssen, wie sie die Region vor dem Verfall der Kulturlandschaft schützen können. Sie werden nicht darum herumkommen, dem „Emshof" und seinen Nachbarn im Dorf einen Struktur- und Wettbewerbsrahmen anzubieten, der diesen die Erfüllung und die Ausgestaltung ihres Kulturlandschaftspflegeauftrags gestattet; ein Struktur- und Wettbewerbsrahmen: möglichst einfach und überschaubar, mit wenig bürokratischer Begleitung und selbstverständlich auch möglichst leicht kontrollierbar.

Vieles ist ökologisch machbar, nicht alles ist nachhaltig und systematisch bezahlbar. Wünsche und Forderungen nach 5-feldrigen Fruchtfolgen zum Beispiel gehen zu weit, wenn sie kommunal angemahnt und dann womöglich einzelbetrieblich im Vertrag vereinbart werden sollen. Die „non Food-Fläche", also die Ackerfläche, deren Ertrag nicht geerntet wird, sondern als ökologischer Pflock in der Nutzflächenbewirtschaftung über viele Monate hinweg lediglich der Pflanzen- und Tierwelt auf der Fläche und der Verschönerung des Landschaftsbildes dient, kann aber bereits Vielfalt in ausreichendem Umfang sicherstellen und das auch auf dem leichten emsländischen Standort, wo momentan Getreide, Mais und Kartoffeln den Ton angeben. Der Mais als willkommene Grundlage der tierischen Veredlung, die im Emsland immer schon die Kohlen aus dem Feuer geholt hat, wenn es um die Sicherung des Standortes ging. Und die Gemeindeväter

werden nicht so töricht sein und gerade diese wertvolle Stütze der Tierhaltung verdammen, nur weil sie das Landschaftsbild wesentlich mitbestimmt.
Völlig klar: Die „non Food-Flächen" müssen die Konkurrenz mit den Maisflächen von sich aus durchstehen. Der „Emshof" soll sie nicht verordnet bekommen. Es muss beim Angebot im Ökoproduktekatalog bleiben; womöglich in mehreren Angebotsstufen mit unterschiedlichen Flächenprozentsätzen; jedenfalls aber mit Honorarhöhen, die genügend „non Food-Flächen" in angenehmer ökologischer Verteilung über das ganze Land hinweg bewirken. In welchem Umfang die Unternehmerfamilie auf dem „Emshof" von diesem kommunalen Angebot dann Gebrauch macht, ist ihre ureigene Sache. Nicht überreden, sondern überzeugen ist die Devise. Dabei können außer Geld auch andere Motive wie Naturliebe, besondere Liebe zur Vogelwelt und zum Wild, Liebe zur Vielfalt überhaupt mit ausschlaggebend sein. Eine stabile bäuerliche Struktur wird jedenfalls ein derartig zentrales Strukturelement „non Food-Fläche" in der Fruchtfolge nicht gering schätzen. Bei einfacher Handhabung wird sie es eher nachhaltig annehmen und darauf kommt es an.
Dazu gehört, dass der landwirtschaftliche Unternehmer die „non Food-Fläche" düngen darf, insbesondere auch mit dem auf dem Hof anfallenden organischen Stalldünger. Selbst die Art der Bestellung und Bewirtschaftung kann dem Betriebsleiter überlassen bleiben, soweit sie nicht bereits gezielt mit Fristen und Stichtagen im Ökoproduktekatalog direkt festgeschrieben ist. Der Betriebsleiter ist der Fachmann; er muss mit seiner Familie von der Fläche leben; er will den Hof und das geerbte Eigentum nicht ohne Not in Gefahr bringen.

Und die Kommunalpolitiker tun gut daran, diese auf Selbständigkeit und Entscheidungskompetenz ausgerichtete Grundhaltung der Bauern als stabilisierendes Element der Kulturlandschaftspflege im Auge zu behalten. Selbst die Bundespolitiker kommen an derart fundamentalen Grundpositionen der aktiven Landwirte nicht vorbei, wenn sie das Finanzbudget für die Kulturlandschaftspflege ganz konkret mehrheitlich beschließen sollen und die dazugehörigen zielorientierten Gestaltungsstrategien für das neue agrarpolitische Konzept überzeugend begründen wollen. Ganz sicher wird ihnen auch das Abtreten der Entscheidungskompetenz im System an die kommunale Ebene nicht leicht fallen. Sie werden sich aber daran gewöhnen. Regionale und kommunale Kompetenz liegt im Trend der europäischen Weiterentwicklung. Sie ist die überlegene Alternative zum unverantwortlich teuren Umweg über Brüssel mit dem Erbetteln von Finanzmitteln für alle möglichen Struktur- und Ökoprojekte vor Ort. Leere Kassen läuten das neue Zeitalter der kurzen Wege ein. Die verwöhnte Wohlstandsgesellschaft kommt zur Besinnung und konzentriert sich auf das Wesentliche. Die Bewahrung der Natur- und Kulturlandschaft gehört unabdingbar dazu.

- Grünland:

Mehr noch als leuchtende Sonnenblumen- und Rapsfelder wünschen sich die Wohlstandsbürger bunte Heuwiesen und saftige Viehweiden. Ihre Vorstellungen von einem landschaftsprägenden Grünlandanteil in der Fläche

und von dem, was auf dem Grasland im Laufe des Jahres passieren soll, sind in den Gemeinden deutlich artikuliert. Extensiv gleich gut und intensiv gleich schlecht, auf eine solche Konzeption kann sich allerdings ein überzeugender agrarpolitischer Neubeginn nicht einlassen. Sie ist nicht zu Ende gedacht. Denn auch Grünlandbauern müssen sich bei Milch und Fleisch nicht nur im Qualitätswettbewerb behaupten, sondern auch im Kostenwettbewerb zurecht kommen. Und dabei ist dann „extensiv" auch nur eine – über das Ganze gesehen – eher unbedeutende Nische mit am Ende hohen Produktpreisen, welche die meisten Verbraucher auch bei noch so gutem Zureden nicht bezahlen wollen. Das Gros der Wohlstandsbürger stellt deshalb auch die Gestaltungsfrage beim Grünland völlig anders. In Wald- und Ackerbaugebieten ist für sie Grünland mit grasenden Rinder-, Pferde- und Schafherden ein willkommenes Ökoprodukt erster Güte. In Grünlandgebieten dagegen sind es die Holzungen und Hecken, die die weitläufigen Strukturen angenehm und unverzichtbar unterbrechen. Die ökologischen Gestaltungswünsche setzen demnach deutlich unterschiedliche, wenn nicht sogar entgegengesetzte Akzente. Entsprechend unterschiedlich wird deshalb auch die regionale Gestaltung und finanzielle Ausgestaltung innerhalb des Ökoproduktekataloges ausfallen müssen. Letztendlich geht es auch an dieser Stelle wieder um die aktiv wirtschaftenden landwirtschaftlichen Unternehmer selbst, die die Kulturlandschaften mit gepflegtem Ackerland und Grünland offenhalten und die Vielfalt im flächendeckenden Netz bewahren und gestalten.
Inwieweit der „Emshof", der momentan keine nennenswerte Grünlandwirtschaft betreibt, zukünftig diesbezüg-

lich vom speziellen kommunalen Angebot seiner Gemeinde im Ökoproduktekatalog Gebrauch macht, ist seine Sache und hängt nicht nur von der Höhe des Dienstleistungshonorars für Dauergrünland ab. An einem einzelbetrieblichen, ausgefeilten Vertragsangebot zu mehr Grünland und zu einer bestimmten Art von Grünlandnutzung kann er jedenfalls kein Interesse haben. Er will sein Geld wie bisher in der pflanzlichen und tierischen Erzeugung verdienen und nicht mit komplizierten Einzelverträgen und Stapeln von Formularen. Die von Brüssel kommende Antragswirtschaft ist ihm ohnehin schon lange ein Greuel. Wenn ein agrarpolitischer Neubeginn ihn davon nicht erlöst, wird er ihn sowieso nicht überzeugen; den „Emsbauern" nicht und auch die Bürger in seiner Gemeinde nicht, für die er die Kulturlandschaft intakt halten soll.

Um die spezielle Grünlandnutzung geht es zumeist auch in den ausgewiesenen Naturschutz- und Landschaftsschutzgebieten. Und auch hier ist Bürokratieabbau längst vonnöten. Wenn aber die betreffenden Flächen des Unternehmers im Ökoproduktekatalog zur Honorierung aufgerufen sind, kann der Computer sie problemlos und ohne bürokratischen Aufwand erfassen und berücksichtigen. Womöglich werden sie einfach mit einem entsprechenden Honorarbonus für ganz besondere Pflegemaßnahmen und Bewirtschaftungsauflagen bedacht. Im Ökoproduktekatalog ist Platz genug für Gestaltungsmaßnahmen dieser Art, wenn die kommunalen und regionalen Parlamente das so wollen. Und sie werden ihre Chance zu einem solch umfassenden Ökoprodukte-Gestaltungssystem ganz sicher nutzen, wenn der finanzierende Bundesgesetzgeber sie läßt und ihnen vor Ort die Kompetenz für eine ebenso umfassende wie attraktive Verteilung des Kulturlandschaftspflegeetats zugesteht. Den dienstleistenden Bauern im Dorf, um deren Flächen es geht und die die Arbeit machen, wird es dann allemal recht sein, sich in dieser einfach strukturierten, überschaubaren Kulturlandschaftspflegekonzeption beruflich zu engagieren. Sie werden mit beruflichem Eifer die im öffentlichen Interesse liegenden ökologischen Güter in ausreichender Menge produzieren und das Dienstleistungshonorar dafür gerne zur Existenzsicherung der Arbeitsplätze in ihren Unternehmen nutzen.

Die Bindung des Viehbestandes an die Fläche

Wenn bei der radikalen Neuorientierung der zukünftigen Agrarpolitik die Sicherung und Pflege der vielfältigen Kulturlandschaften in die erste Priorität rückt und die pflanzliche und tierische Erzeugung von Agrarprodukten in die zweite, dann bekommen auch die direkten und indirekten Einflüsse der modernen tierischen Veredlung auf den Höfen eine besondere Qualität. Bislang haben Kampfbegriffe wie „Agrarfabriken" und „Massentierhaltung" die Szene bestimmt und das Image der Bauern in der Öffentlichkeit nicht gerade gefördert. Die Trennung der tierischen Erzeugung von der Bodenproduktion wurde zum Alptraum für die bäuerlichen Strukturen. Es ist schon lange her, dass Strukturgesetzentwürfe aus Niedersachsen und Bayern versucht haben, das Problem per Definition des bäuerlichen Familienunternehmens in den Griff zu bekommen; ohne durchschlagenden Erfolg. Die letzte Konsequenz zu einer Radikalkur gegen die industriemäßig betriebene Tierhaltung haben sowohl die sachverständigen Politiker als auch die verantwortlichen Bauernvertreter gescheut. Insbesondere die direkte Bindung der Tierhaltung an die landwirtschaftliche Nutzfläche wurde als ausschlaggebendes Gestaltungselement für eine nachhaltige Kulturlandschaftspflege nicht akzeptiert und in gewohnter politischer Kurzsichtigkeit als zu viel Reglementierung abgetan. Die GmbH & Co KG`s konnten sich mit geringer Kapitalhaftung gegenüber den flächendeckenden bäuerlichen Strukturen rücksichtslos durchsetzen.
Die traditionelle Aufwertung des leichten Bodens durch die tierische Veredlung wurde mehr und mehr beiseite

gedrückt und das ökologische Ergebnis ist mit Blick auf die vielfältigen Kulturlandschaften äußerst beklagenswert. Nicht nur, dass in vielen Gemeinden und Landkreisen industrielle Stallanlagen an Stelle der landschaftsprägenden, in sich geschlossenen Bauernhöfe zum allgemeinen, öffentlichen Ärgernis geworden sind, auch die existentielle Stützung des weniger lukrativen Ackerbaus auf leichten Standorten durch das Vieh konnte mit der industriellen, von der Kulturfläche losgelösten Agrarwirtschaft nicht mithalten. Und obwohl die meisten Bauern und Bürger mit dieser Entwicklung keineswegs einverstanden waren und sind, halten Pessimisten den Trend für unumkehrbar. Visionäre denken anders an dieser Stelle. Sie denken: Eine ehrliche Problemlösung kann nur auf umgekehrtem Wege erfolgen. Das Ziel der flächendeckenden Erhaltung der vielfältigen Kulturlandschaften kann nur mit der Konzeption „Vieh plus Fläche" erreicht werden.

Die Holländer sind mit der Loslösung des Viehs von der Fläche deutlich gescheitert. Ihr Traum von mehrstöckigen Stallanlagen direkt am internationalen Futtermittelmarkt im Rotterdamer Hafen ist endgültig ausgeträumt. Der Viehbestand in Holland sinkt. Auch die Dänen beginnen das Band zwischen Tierhaltung und Flächenproduktion neu zu knüpfen. Und die Spanier haben beim Aufbau der tierischen Veredlung in ihrem Land immerhin noch die Chance, den Anfängen zu wehren und die Fehlentwicklungen bei den europäischen Nachbarn nicht zu wiederholen.

Unausweichlich: Auf die direkte Verknüpfung der Tierhaltung mit der einzelbetrieblichen Kulturlandschaftspflege kommt es an. Das bloße Nacheifern der gigantischen Zucht- und Mastfarmkonkurrenten in der

Welt versperrt seit Jahr und Tag den Blick für die notwendige Doppelstrategie „Vieh plus Fläche" und führt in die Irre. Bereits vor 20 Jahren haben Emsländer für ein Strukturgesetz gekämpft, weil die von der landwirtschaftlichen Nutzfläche losgelösten „Agrarfabriken" in der freien Naturlandschaft sie auf die Barrikaden gebracht haben. Heute wirbt der Verfasser für einen noch wesentlich weiterführenden Struktur- und Wettbewerbsrahmen in der tierischen Erzeugung, damit im Ziel genügend in sich geschlossene Bauernhöfe in allen deutschen Landen übrig bleiben können. Die Kulturlandschaften brauchen sie als landschaftsprägende Stützen.

Wohlverstanden: Die Milch- und Fleischerzeuger im Emsland haben keine Angst vor den fortschrittlichen Konkurrenten in Holland und Dänemark und sonstwo auf der Welt. Es fehlt ihnen aber der überzeugende, nachhaltige Struktur- und Wettbewerbsrahmen, der auf dem Hof die Erhaltung und Pflege der gesamten Kulturfläche mindestens gleichrangig neben die tierische Erzeugung stellt, also das Miteinander von Arbeit im Stall und Arbeit auf der Kulturfläche bewerkstelligt. Das eine hat wie das andere seinen Lohn verdient, wenn die Produktqualität stimmt. Und dazu sind revolutionäre Entscheidungen längst überfällig.

Zum ersten: Eine zielorientierte, überzeugende Strategie für den Bewirtschafter des „Emshofes" und für die Bürger in seiner Gemeinde soll die Baugenehmigung für jeden neuen Stall an konsequentere Bedingungen knüpfen, die in das Kulturlandschaftskonzept hineinpassen. Es sind mindestens sechs:

- Der Bauherr muss Landwirt sein und den im neuen Stall anfallenden organischen Dünger auf der selbstbewirtschafteten landwirtschaftlichen Nutzfläche seines Unternehmens fachgerecht verwerten können.
- Die Bindung der neuen Tierplätze an die selbstbewirtschaftete Nutzfläche bleibt auch dann die entscheidende Bedingung für die Baugenehmigung und anschließende Nutzung des neuen Stalles, wenn der darin anfallende organische Stalldünger anderweitig, also nicht auf der selbstbewirtschafteten Nutzfläche verwertet werden soll oder verwertet wird.
- Für den bisher schon vorhandenen Viehbestand im Unternehmen des Bauantragstellers und für den dazugehörigen Flächennachweis erhält das Unternehmen einen auf 20 Jahre befristeten Bestandsschutz, so dass zusätzliche selbstbewirtschaftete Nutzfläche für den neuen Stall nur in dem Umfang notwendig wird, wie sie im bisherigen Flächennachweis nicht mehr vorrätig vorhanden ist zur Aufnahme von weiterem organischen Stalldünger.
- Der neue Stall muss im räumlichen Zusammenhang mit der Hofstelle gebaut werden, auf der der Antragsteller wirtschaftet und seinen Viehbestand betreut.
- Wenn dem Bauvorhaben wegen des geforderten räumlichen Zusammenhangs mit der Hofstelle Wald, Hofeichen oder andere Ökoinseln im Wege stehen, muss bis Nutzungsbeginn des neuen Stalles ökologische Ersatzbeschaffung an anderer Stelle auf der Eigentumsfläche im Verhältnis 1:1 nachgewiesen werden.

- Wenn der neue Stall aus Platz- oder Emissionsgründen nicht im räumlichen Zusammenhang mit der bisherigen Hofstelle gebaut werden kann, muss der gewählte Standort in der freien Kulturlandschaft als Ausgangspunkt für eine eventuelle spätere Aussiedlung des ganzen Hofes geeignet sein.

Der Einwand, dass eine derart konsequent auf die Kulturlandschaft zugeschnittene Zielstrategie nur auf Kosten kleinerer Landwirte mit wenig Eigentumsfläche durchgesetzt werden kann, geht an der Realität vorbei. Denn viele Betriebe haben in der Vergangenheit auch ohne entsprechende selbstbewirtschaftete Fläche mitgehalten im Stallbau und mit den Tierzahlen. Und wer den existenzsichernden Wachstumsschritt als kleinerer Betrieb früher nicht geschafft hat, kann ihn ohnehin nicht mehr nachholen. Er hat den Anschluss bereits verpasst und wird bei nächster Gelegenheit, spätestens beim Generationswechsel auf dem Hof, aus der Landwirtschaft aussteigen. Wer aber bei bisheriger Rechtslage den geforderten Flächennachweis für seinen kräftig ausgebauten Viehbestand mit Fläche außerhalb des eigenen Unternehmens erbracht hat, der ist durch die Bindung zusätzlicher selbstbewirtschafteter Fläche für neue Stallplätze nicht stärker gefordert als flächengrößere Unternehmen auch. Auf Pachtflächen sind sie zukünftig alle angewiesen. Die einen waren es immer schon und diese waren weiß Gott nicht die Leistungsschwächsten unter den landwirtschaftlichen Unternehmern – der Pachtanteil liegt im Emsland immerhin schon bei 30 % - und die anderen werden es in Zukunft auch sein, weil selbst auf „gestandenen" Höfen mit 50 ha landwirtschaftlicher Nutzfläche und mehr die an die

Fläche gekoppelte höchstzulässige Tierproduktion die Arbeitskapazitäten der wirtschaftenden Familie im Anschluß der Generationen nicht mehr auslasten. Der technische Fortschritt bleibt eben, ob man das will oder nicht, der Motor der Wachstumsschritte im Stall wie auf dem Acker.

So hat auch der „Emshof" bei seinem letzten Wachstumsschritt mit 400 neuen Stallplätzen in der Schweinemast und gleichzeitiger Aufgabe der Ferkelerzeugung für den dabei zusätzlich anfallenden organischen Dünger 200 m^3 Gülle nach außerhalb des Unternehmens verlagern müssen, weil die 55 ha LF im eigenen Unternehmen nicht mehr ausreichten. Der Gesetzgeber hat aber bislang die Bindung der neuen Stallplätze an die selbstbewirtschaftete Fläche noch nicht ausdrücklich verlangt. Er hat den Ausweg und Umweg über den Transport und die Verwertung der Gülle nach außerhalb des Unternehmens in Kauf genommen.

Im öffentlichen Interesse lag das allerdings schon lange nicht mehr und auch aus seuchenhygienischen Gründen ist diese Strategie längst nicht mehr opportun. Die direkte Verwertung des Düngers auf der selbstbewirtschafteten Fläche wäre immer schon die bessere Alternative gewesen. In der Zielkonzeption ist sie jetzt aus mehreren Gründen geradezu zwingend notwendig:

Einmal: Der organische Dünger soll dem von Haus aus nährstoffarmen Standort zugute kommen, der ohnehin nur in der Kombination mit der tierischen Erzeugung eine ausreichende Existenzgrundlage bietet.

Dann: Wenn – umgekehrt argumentiert – in Zukunft nur noch tierische Erzeugung in direkter Verbindung mit der Flächenproduktion betrieben werden darf, wird sie gleichsam für die Bewirtschaftung von Grund und Boden

reserviert. Das kommt wiederum den Standorten mit leichteren Böden zugute und wird sie zur Bewirtschaftung mit Pflanze und Tier offenhalten für eine vielfältige Kulturlandschaft, wie die Bürger sie wünschen.
Schließlich: Der Landkreis soll als untere Naturschutz- und Tierschutzbehörde eine realistische Chance bekommen, seine Grenzen aus umweltpolitischen und seuchenhygienischen Gründen für den Transport von organischem Stalldünger und von lebenden Schlachttieren zu schließen.
Die Folgen wären immense Kostenersparnisse sowohl bei der sachgerechten Düngerverwertung in guter fachlicher Praxis, als auch bei der Verhinderung von kostenschweren Seuchengängen bzw. beim Beitragsaufkommen für die solidarische Tierseuchenkasse, bei der auch der Staat seine in Notfällen gewährte finanzielle Unterstützung gerne sparen würde.
Diese Argumentationslinie ist innerhalb der zielorientierten Gesamtkonzeption so überzeugend, dass bei einer zumutbaren Übergangszeit eine Korrektur der bisherigen Freiheiten beim Transport von organischem Dünger und von Schlachtvieh vorgenommen werden kann.
Gewiß: Die Schließung der Kreisgrenzen wiegt schwer. Der „Emshof" und seine Nachbarn können sie aber verkraften. Und das gleiche gilt für die konsequente Bindung der tierischen Erzeugung an die selbstbewirtschaftete Fläche, ebenfalls in Verbindung mit einer 20jährigen Anpassungszeit. Es steht einfach zu viel auf dem Spiel. Deshalb diese harten Bandagen.
Konkret müßte der „Emshof" innerhalb von 20 Jahren für seinen bisherigen Viehbestand weitere 5 Hektar Nutzfläche hinzupachten, die den bisher ausgelagerten

organischen Stalldünger aufnehmen können. Innerhalb dieser Zeitspanne wird allerdings das Flächenangebot in der Gemeinde zweifellos vorhanden sein, denn es scheiden auch in Zukunft Landwirte aus vielerlei Gründen aus der Produktion aus und geben ihre Flächen frei. Die relativ hohen Pachtpreise erleichtern ihnen sogar den Ausstieg, wenn sie auch die Betriebsaufgabe selbst zumeist nicht auslösen. Da sind andere Berufswünsche, fehlende Hofnachfolger oder einfach zu knapp bemessene Wirtschaftsgrundlagen Strukturveränderer stärkeren Kalibers.

Das Argument, dass die konsequente Bodenbindung der tierischen Erzeugung die Pachtpreise unnötig hochtreibe, ist demnach aus der Sicht der aufgebenden Höfe entkräftet und eher ins Gegenteil verkehrt. Eine lange, konzeptionelle und zielgerichtete Anpassungszeit von 20 Jahren verhindert zudem bereits in sich selbst ein Ansteigen der Pachtpreise, das den Strukturwandel über Gebühr beschleunigen könnte. Panik-Pachten, wie sie heute – womöglich sogar auf Vorrat für spätere Wachstumsschritte – in der tierischen Veredelung vorkommen, würden nicht mehr stattfinden. Auch Panik-Stallbauten könnte man sich ersparen, wenn die agrarpolitische Entscheidung der Flächenbindung ein für allemal gefallen wäre und keine Gefahr mehr bestünde, dass man auf seinem Hof überhaupt keinen Stall mehr bauen kann. Stallbau aus Angst vor einer weitreichenden Novellierung der Baugesetzgebung, das würde endlich der Vergangenheit angehören und keine schlaflosen Nächte mehr bereiten.

Das Resümee: Ein verlässlicher Struktur- und Wettbewerbsrahmen mit Bodenbindung der tierischen Erzeugung brächte Planungssicherheit sowohl für die

Bauern als auch für die ganze Gemeinde. Die unternehmerische Vernunft könnte wie selbstverständlich über den Bau eines neuen Viehstalles entscheiden und das bisherige Vabanquespiel in der tierischen Erzeugung mit unsicheren Entwicklungszielen und ebenso unsicheren Entwicklungsstrategien endgültig ablösen. Nicht selten haben gewagte Wachstumsschritte zum Verlust des ganzen Hofes geführt, wo rechtzeitiger Ausstieg von vornherein die bessere Alternative gewesen wäre. Wenn erst das Eigentum weg ist, fehlen bei Aufgabe des Hofes und dem damit verbundenen Berufswechsel auch noch die Pachterlöse zur Aufbesserung des Familieneinkommens.

Müßig jedoch, bei derlei Fehlentwicklungen lange zu verweilen und den verpassten Gelegenheiten nachzutrauern. Für eine verlässliche und nachhaltige Korrektur der Zielsetzung in der tierischen Veredelung ist es nie zu spät.

Es geht allerdings – das soll an dieser Stelle noch besonders herausgestellt werden – immer nur um den Struktur- und Wettbewerbsrahmen für das einzelne landwirtschaftliche Unternehmen und keineswegs um einen Strukturrahmen für die ganze Gemeinde. Die Bindung neuer Stallplätze an die selbstbewirtschaftete Nutzfläche und der alten Stallplätze mit 20-jähriger Anpassungszeit ist der wirtschaftliche Rahmen für den Einzelbetrieb und nicht für die Gemeinde oder für die Region. Ein Irrtum, dass auch eine Zwei-Großvieheinheitengrenze auf Gemeinde- oder Regionalebene ein fachgerechter, vertretbarer Rahmen sein könnte. Soll es denn beim Erreichen einer solchen Grenze oder in einer Gemeinde, wo diese Grenze schon überschritten ist, Warteschlangen geben für bauwillige

Veredlungslandwirte, die dann der Reihe nach dran sind und aufgegebene bisherige Produktionsstätten ersetzen dürfen? Das sind planwirtschaftliche Vorstellungen aus längst vergangenen Zeiten! Landschafts- und marktorientierte Rahmenbedingungen sehen anders aus. Die Bodenbindung der Tierhaltung an die selbstbewirtschaftete landwirtschaftliche Nutzfläche ist jedenfalls der Schlüssel zum Erfolg, der überzeugen kann.

Die Bodenbindung soll gesetzlich verankertes Unternehmensprinzip sein. Und das nicht nur in den Veredelungshochburgen unserer Republik, wo „die Fässer bereits überlaufen", sondern überall auf dem Lande und - mit Vernunft - in der ganzen europäischen Gemeinschaft.

Kritiker der Bodenbindung des Viehbestandes verweisen auch gern auf alternative Verwertungsmöglichkeiten des organischen Düngers über Biogas- oder Verbrennungsanlagen zur Energiegewinnung. Sie schieben bewusst oder unbewusst den ausschlaggebenden Strategieansatz beiseite, der nicht danach fragt, was geht, sondern was für eine preisgünstige Kulturlandschaftspflege gesellschaftspolitisch geboten ist. Jedes Stück Vieh, das ohne direkte Bindung an die landwirtschaftliche Nutzfläche gehalten wird, geht den gewünschten Kulturlandschaftspflegern auf den Höfen mit Vieh und Fläche als systemergänzende Existenzstütze verloren. Insofern ist auch jede staatliche Förderung technischer Verwertungsmöglichkeiten beim organischen Stalldünger kontraproduktiv zur gesellschaftspolitisch gewünschten, preiswerten Kulturlandschaftspflege. Verwertungsverfahren, die sich ohne staatliche Unterstützung rechnen, setzen sich von alleine durch. Das gilt für das Holz aus dem Wald, für die organische Masse als nachwachsender

Rohstoff vom Acker und eben dann auch für den organischen Dünger aus dem Stall. Seine Verwertung als Pflanzendünger, der auf dem kürzest möglichen Weg auf der selbstbewirtschafteten Nutzfläche des landwirtschaftlichen Unternehmens landet, passt allerdings mit Abstand am Besten in das Konzept eines nachhaltigen Struktur- und Wettbewerbrahmens für Bauernhöfe. Wenn erst die Bindung des gesamten Viehbestandes an die selbstbewirtschaftete Nutzfläche zur Sicherung und preiswerten Pflege der Kulturlandschaften gesetzlich festgeschrieben ist, regelt sich die tatsächliche Verwertung des anfallenden organischen Düngers in den landwirtschaftlichen Unternehmen von selbst. Sie ist dann nach der ökologisch begründeten politischen Entscheidung „Vieh plus Fläche" eine rein ökonomische Angelegenheit für den Manager auf dem Hof, der den Gewinn optimieren will. Widerstand gegen die kulturlandschaftsstützende Kombination von „Vieh plus Fläche" kommt nach wie vor auch von den Marktstrategen für Vieh und Fleisch. Sie sorgen sich allerdings zu Unrecht um Marktanteile, die verloren gehen könnten, wenn jeder gewünschte Stallplatz für Rind oder Schwein oder Huhn oder Pute entsprechend selbstbewirtschaftete Fläche auf dem Hof voraussetzt. Sie unterschätzen die vorgeschlagene 20jährige Anpassungszeit für den bisherigen Viehbestand und sollten zudem bedenken, dass auch die radikale Umorientierung der europäischen Agrarpolitik, die heute erste, winzige Marktentkopplungsschritte wagt, 20 bis 30 Jahre brauchen wird, bis Weltmarktbedingungen auf der einen Seite und Schutz der Kulturlandschaften auf der anderen Seite als strategische Ziele erreicht sind. Wenn der „Status quo" im Veredelungsunternehmen mit einer 20-jährigen Anpassungszeit verbunden wird, braucht bis dahin kein Stallplatz verloren zu gehen. Die Marktanteile werden dann zielorientiert und in weitgehender Übereinstimmung zwischen den politischen Entscheidungsträgern vom Struktur und Wettbewerbsrahmen der Bauernhöfe bestimmt, der die flächendeckende Kulturlandschaftspflege auf seine Fahnen geschrieben hat. Die Marktanteile in den einzelnen Ländern und Regionen sind dann das Ergebnis, das die flächendeckende Kulturlandschaftspflege setzt und nicht mehr die landschaftsbedrängende Konzentration der tierischen Veredelung, die zum öffentlichen Ärgernis geworden ist. Argumentiert wird schließlich mit den wichtigen Arbeitsplätzen im ländlichen Raum. Ganz abgesehen davon, dass mit diesem Argument bereits vor vier Jahrzehnten die ersten „Agrarfabriken" auch im Emsland ihren kommunalen Segen bekommen haben, jeder Arbeitsplatz, der mit der flächendeckenden Kulturlandschaftspflege auf den Höfen direkt oder auch nur indirekt verbunden ist, bleibt auch in Zukunft mehr als willkommen. Aber Arbeitsplätze schaffen im Stall, die mit der Arbeit in der Landbewirtschaftung nichts zu tun haben, schadet dem öffentlichen Bedürfnis nach preiswerter Arbeitserledigung in der flächendeckenden Kulturlandschaftspflege; war also von Anfang an eine trügerische und falsche Strategie, die heute keine Kommune ernsthaft mehr zulassen möchte.

Umgekehrt ist ein anderer Aspekt der Arbeitserledigung zu werten. Eine zeitlich ins Gewicht fallende Arbeit außerhalb der Stalluft kommt der Gesundheit der beschäftigten Menschen auf den Höfen sehr zugute. Wenn sie im täglichen Ablauf ihrer 8- bis 10-stündigen Berufstätigkeit systematisch Abwechslung in der freien Natur oder auch in der Familie und im Haushalt erfahren, wird Gesundbleiben organisiert, und das kann in dieser Form kaum ein industrieller Arbeitsplatz vergleichsweise erreichen. Es profitiert zusätzlich das allmähliche Hineinwachsen in die berufliche Tätigkeit von Kindesbeinen an und das ebenso angenehme, langsame Hinauswachsen in den Lebensabend hinein. Erst die Kombination von „Vieh plus Fläche" schöpft also auch die menschlichen Vorteile und Chancen in den Familienunternehmen aus, die die Einheit von Arbeiten und Wohnen, von Arbeitsplatz und Freizeitplatz bietet und das Zusammengehen von Alt und Jung noch dazu. Gigantische, von der Bodenproduktion losgelöste Stallanlagen organisieren automatisch eine völlig andere Arbeitswelt, wie wir sie aus der industriellen Erfahrung eher beklagen. Sie werden dem aktuellen gesellschaftspolitischen Anspruch nicht gerecht, der für die Arbeitsplätze der Zukunft das persönliche Wohlbefinden, die körperliche Gesundheit und das solidarische Miteinander in Familie, Umwelt und Natur so weit es geht zusammenführen und ausgestalten will. Große gesellschaftspolitische Reformen auf dem Arbeitsmarkt, in der Gesundheitsvorsorge und in der Solidargemeinschaft der Menschen werfen diesbezüglich ihre Schatten voraus. Der Vorstellung von einer vernünftigen Landbewirtschaftung und Landwirtschaft auf den Bauernhöfen kommt dieser Wandlungsprozeß zu zukunftsweisenden Lebens- und Arbeitsplätzen eher entgegen.

Das Finanzierungsbudget

Konzeptionell ist hervorzuheben, dass nur diejenigen landwirtschaftlichen Unternehmer Anspruch auf das Kulturlandschaftspflegehonorar haben sollen, die die Kulturflächen tatsächlich bewirtschaften. Es soll sich um ein Dienstleistungshonorar für flächengebundene Ökoprodukte handeln, das nicht an den Eigentümer der Kulturfläche, sondern logischerweise ausschließlich an den Bewirtschafter ausgezahlt wird. Die leidvollen Erfahrungen mit den sogenannten „Sofamelkern" bei der Vergabe und Handhabung der Milchquoten sollten jedenfalls in diesem revolutionären und umfassenden Kulturflächenansatz Gestaltungsfehler von vornherein ausschließen. Es geht in der agrarpolitischen Neukonzeption erstmals nicht mehr um produktbezogene Marktpreisstützung und Mengensteuerung, sondern ausschließlich und konsequent um die Erhaltung und Gestaltung der vielfältigen Kulturlandschaften in Deutschland. Deshalb ist auch die Region gefragt und nicht die Bürokratie in Brüssel.

Der Grundbetrag und Hauptanteil für das gesetzlich verankerte ökologische Dienstleistungshonorar kann natürlich nicht direkt aus dem Gemeindeetat aufgebracht werden, sondern muss, zumindest beim Start der Konzeption, aus der Staatskasse kommen. Wenn allerdings, wie voraussehbar, der Weltmarkt für Agrarprodukte nach und nach geöffnet wird und im Zuge dieser Öffnung milliardenschwere Marktordnungs- und Stützungsmaßnahmen wegfallen, kann das notwendige Budget alternativ ohne neues Geld bereitgestellt werden. Und zwar zu 100 % aus den Finanzmitteln, die bisher

nach Brüssel gegangen sind und auf keinen Fall kofinanziert aus zusätzlichen Bundes- und Landesmitteln, wie es momentan bei der unglücklich konzipierten „Modulation" geschieht, die nicht überzeugen kann.
Ein bisschen Entkopplung vom Markt, das reicht nicht. Die Kur zur Heilung der europäischen Agrarpolitik muss sehr viel radikaler angesetzt werden und eben die gesamte Kulturlandschaft in Deutschland als schützenswertes Allgemeingut nach vorne rücken. Die anstehende Kur ist eine gesamtgesellschaftliche Angelegenheit und die erforderlichen Finanzmittel begleichen dabei dann lediglich die Rechnung, die die aktiven Bauern in Erfüllung ihres Dauerauftrages Jahr für Jahr auf den Tisch legen. Das Geld fließt dann also direkt in eine zielorientierte, überzeugende Agrarwende hinein und wird ohne den bürokratischen Umweg über Brüssel ebenso direkt in ein regionales und kommunales Budget hineingegeben, damit es von dort zur differenzierten Bezahlung von Ökoprodukten, die im öffentlichen Interesse liegen, an die aktiven Landwirte ausgezahlt werden kann.
Eine konkrete Kalkulation dazu könnte für den Landkreis Emsland folgendermaßen aussehen:
In der Bundesrepublik wird ein durchschnittliches Kulturlandschaftspflegehonorar von 250 Euro pro Hektar angesetzt. Bei der aktuellen Gesamtkulturfläche von 30 Millionen Hektar ergibt sich ein notwendiges Jahresbudget von 7,5 Milliarden Euro.
Der Landkreis Emsland ist bezüglich der Kulturfläche, die von den landwirtschaftlichen Unternehmern bewirtschaftet wird, mit 187.500 Hektar beteiligt. Das Jahresbudget für die Kulturlandschaftspflege würde

demnach für das Emsland rund 47 Millionen Euro betragen. Wieviel davon in den Etat der „Emshof"-Gemeinde hineinfließt und wieviel davon dann schließlich als Honorar auf dem „Emshof" selbst landet, errechnet sich aus der Kulturfläche der Gemeinde, dem auch für den „Emshof" zugrundegelegten bundeseinheitlichen Ökoproduktekatalog und den darin speziell angesetzten kommunalen Gestaltungskriterien und –prioritäten. Ob das Jahreshonorar für den „Emshof" den bundeseinheitlichen Budget-Ansatz von 250 Euro je Hektar Kulturfläche überschreitet oder nicht erreicht, hängt einzig und allein von seinen ökologischen Leistungen ab, also von den konkreten Ökoprodukten, die das Unternehmen im öffentlichen Interesse erbringt. Bei insgesamt 78 ha Kulturfläche geht es auf dieser Budgetbasis um eine Honorarsumme in der Größenordnung von 20 bis 25 Tausend Euro.

Im Vergleich dazu: Die derzeitige EU-Agrarpolitik hat dem „Emshof" produkt- und marktbezogene Prämien und Ausgleichsbeträge von 22.000 Euro im Durchschnitt der letzten fünf Jahre gezahlt. Der wunde Punkt: Die Steuern zahlende Mehrheit der Bürger hat sie als reine Subvention registriert und keineswegs als zielorientierten Dienstleistungslohn. Es war auch kein Dienstleistungslohn. Es handelte sich um eine Ausgleichszahlung für erzeugtes Getreide und um eine Prämie für gemästete Bullen. Die Kulturlandschaft des Unternehmens war gar nicht im Spiel.

Die regionale und kommunale Kompetenz

Der Wechsel vom globalen und europaweiten zum konsequent regionalen Gestaltungsansatz markiert einen weiteren Strategiewechsel der agrarpolitischen Neuorientierung. Regionale und kommunale politische Mehrheiten vor Ort sollen Ziel und Konzeption zur flächendeckenden Naturlandschaftserhaltung und -gestaltung sichern.
Die Ausgangslage dafür ist inzwischen nicht mehr ungünstig. Landrat und Bürgermeister stehen auf der Seite der emsländischen Bauern. Sie wissen neben der unverzichtbaren Wirtschaftskraft der Landwirte insbesondere auch ihre ökologischen Dienstleistungen zu schätzen. Und es wächst die Sorge, dass beim rasanten Strukturwandel womöglich nicht genug Bauernhöfe übrig bleiben, um die flächendeckenden Kulturlandschaften in Vielfalt und Attraktivität zu bewahren und weiterzuentwickeln.
Sie haben, wie alle Bürger im Lande, die unseligen Subventionsdebatten um die Landwirtschaft satt und spüren, dass mit der europäischen Agrarpolitik etwas nicht stimmt. Sie haben auch den lange Zeit geschürten Neidkomplex bezüglich der „reichen und dicken Bauern" längst begraben und den Ernst der Lage erkannt. Sie leiden darunter, dass sie den notwendigen Struktur- und Wettbewerbsrahmen für die Bauern auf regionaler und kommunaler Ebene nicht stärker beeinflussen und stützen können. Sie wollen sich auch – allein schon wegen der mangelnden Sachkenntnis – mit den Bauern im Dorf nicht mehr darüber streiten, was diese in guter fachlicher Praxis auf der landwirtschaftlichen Nutzfläche veranstalten und mit der so wichtigen flächendeckenden

ökologischen Vernetzung anstellen. Sie wünschen sich schon lange einen fruchtbaren Dialog zwischen der Landwirtschaft und dem Naturschutz. Sie ahnen, dass nachhaltige Landwirtschaft nicht überwiegend den teuren Weg des „ökologischen Landbaus" gehen kann. Sie erkennen, dass der Slogan „Klasse statt Masse" unbedachte und irreführende Produktionsalternativen beschreibt, wenn der Slogan die Richtung angeben soll.

Klasse, das meint Produktqualität und Produktsicherheit, Produkt ohne Mängel, das Beste vom Besten, gut für die Gesundheit.

Masse, das meint hohe Stückzahlen, volle Regale, genug für alle, weltweiter Ausgleich, Chancen gegen Hunger und Elend in der Welt.

Der immer wieder hofierte Gegensatz zwischen Masse und Klasse kann die Menschheit nur aufhalten. Er ist ein wissenschaftlich belegter Trugschluss, eine perspektivlose Unternehmensphilosophie und als Empfehlung für das Ganze eine unverantwortliche Dummheit. Denn auch die Masse hat ihre Klasse längst bewiesen. Ohne Klasse läuft nichts. Der weltoffene Wettbewerb um die Produktmengen wird erst vom Wettbewerb um die Produktqualitäten entschieden und erst in der Produktkontrolle machen Angebot und Nachfrage den abgesicherten Preis. Superqualität und das in großen Mengen, so passt es für die zukünftige Entwicklung und zum Wohlstand für alle, und so geht es mit den ökonomischen Ertragsgesetzen konform. Der Festpunkt im Produktionsprogramm: Nur die Strategie des ehrlichen Konzeptes hat eine Chance am Markt.

Und Ehrlichkeit ist dann schließlich auch die tragfähige Grundlage für das Dienstleistungshonorar an die aktiven Bauern für ihre nachgewiesenen ökologischen Produkte, die sie als nicht marktfähige öffentliche Güter im öffentlichen Interesse effizient erstellen, das heißt zu den geringsten gesellschaftlichen Kosten. Die Bürger lassen sich davon überzeugen, dass dieser radikal neue agrarpolitische Ansatz die Natur- und Kulturlandschaften tatsächlich nachhaltig sichern kann.

Sie sind ganz bestimmt auch dankbar dafür, wenn sie über den Umfang und die Art der Flächennutzung für besondere Naturschutzzwecke dezentral, auf kommunaler Ebene entscheiden können. Sie begrüßen es, wenn auf hoher Ebene nur über globale Schutzgüter entschieden wird und bei den speziellen ökologischen Dienstleistungen in der örtlichen Kulturlandschaft die politische und finanzielle Entscheidung erst im Gemeindeparlament auf einen Nenner gebracht wird. Sie suchen dabei auch gern nach Mitteln und Wegen, um die bereitstehenden Schlüsselzuweisungen aus dem zweckgebundenen Finanzbudget durch ein überzeugendes Honorarsystem in die eigene Verantwortung zu nehmen – womöglich auch unter zusätzlicher kommunaler Eigenbeteiligung oder auch ergänzt durch speziell angesetzte Stiftungen wohlhabender Bürger, die gezielt etwas Besonderes für die heimatliche Naturlandschaft tun wollen.

Sie werden vom neuen Honorarsystem her sicherlich auch die Chance nutzen, das Instrument des Vertragsnaturschutzes dezentral, regional und kommunal zu steuern und die Rahmenbedingungen dafür so zu setzen, dass sie ohne Marktverzerrungen den natürlichen Standortbedingungen angepasst sind.

Sie werden schließlich im Interesse des Ganzen mit dem Standort wirtschaften, ohne umweltpolitische Vorgaben, mit vielfältiger Struktur und stark variierenden Nutzungsintensitäten, und sie werden dadurch konzeptionell der Verödung der Landschaft erfolgreich entgegenwirken.

Sie werden mit kommunaler Weitsicht das vom Bund nachhaltig gewährte Finanzbudget so einsetzen, dass ein Maximum an Umwelt- und Naturschutzzielen erreicht wird.

Sie werden im öffentlichen Interesse die Wanderung der Produktion zum besten Wirt und zum besten Standort ausdrücklich nicht behindern, sondern eher stützen; aber sie werden dabei die Entwicklung auch erstmals begleiten mit einem angemessenen und attraktiven Dienstleistungshonorar für ökologische Güter, die keinen Markt haben.

Sie werden das Band zwischen der flächendeckenden Kulturlandschaft und den landschaftsprägenden Bauernhöfen neu knüpfen und nachhaltig festmachen.

Und sie werden auf diesem Wege die Einkommen der Bauernfamilien mit überzeugender Begründung direkt und wesentlich unbürokratischer und effizienter stützen als bisher; schließlich kommen von jedem Euro, den die EU bisher für die Landwirtschaft ausgibt, nur 25 Cent auf den Bauernhöfen an und es geht dabei immerhin um 22 Milliarden Euro pro Jahr, die für diesen Zweck von Deutschland nach Brüssel überwiesen werden.

Es ist offensichtlich: Die Bürokratie frisst viel zu viel davon auf. Das ist nicht nur ärgerlich, sondern auch unvernünftig, und das zurückfließende Geld setzt leider auch noch produktbezogen und marktsteuernd an. Dabei muss die europäische Agrarpolitik schon lange in Einklang gebracht werden mit den Vorgaben der Welthandelskonferenz WTO. Ohne eine radikale Neuorientierung zum offenen Weltmarkt auf der einen Seite und zur flächendeckenden Kulturlandschaftspflege auf der anderen Seite ist das nicht zu machen; eine radikale Neuorientierung versteht sich, mit einer flexiblen Übergangszeit für die Bauernhöfe, ohne unzumutbaren Einkommensaderlass für die Bauernfamilien, sozial akzeptabel und dazu noch im überzeugenden öffentlichen Interesse.

Die radikale Neuorientierung mit Ziel und Konzept

Es gibt keinen Zweifel: Die europäische Agrarpolitik wird ihre ein halbes Jahrhundert lang eingefahrenen planwirtschaftlichen Gleise total verlassen. Sie wird den programmatischen Neubeginn mit dem offenen Weltmarkt wagen. Das wachsende Europa hat keine andere Wahl und die deutsche Öffentlichkeit erwartet entsprechende agrarpolitische Entscheidungen.

Parallel zu geradezu revolutionären neuen Weichenstellungen in der Arbeitswelt, bei den Gesundheitssystemen und in der sozialen Sicherung können Landwirtschaft und Umwelt nicht außen vor bleiben. Die Zeit ist reif. Die Dienstleistungen zwischen den Menschen werden neu gewichtet und die Landwirtschaft bekommt ihre Chance, dabei zu sein mit ungewohnten, aber dafür überzeugenden Gestaltungsakzenten. Ihre Dienstleistungen in den Natur- und Kulturlandschaften liegen im öffentlichen Interesse und stützen das Miteinander und Füreinander in Stadt und Land.

Lebensfreude, Wohlbefinden, Gesundheit, Entspannung und Erholung, das sind die Botschaften der Wohlstandsgesellschaft, die durch die Dienstleistungen der aktiven Bauern ihren soliden und sicheren Unterbau bekommen.

Das vordringlichste agrarpolitische Ziel in Deutschland ist deshalb die Sicherung der vielfältigen und schönen Kulturlandschaften durch die flächendeckende berufliche Tätigkeit der Landwirte. Kulturlandschaften im umfassenden Sinne; also mit allem, was die Summe der Bauernhöfe flächenmäßig ausmacht; aber auch mit allem, was mit den Begriffen Naturschutzgebiete, Landschafts-

schutzgebiete, FFH-Gebiete und offene Kulturlandschaften zusammengefaßt werden kann.
Das Ziel ist nicht die Zusammenführung solcher Gebiete bei der öffentlichen Hand und in der Verantwortung der öffentlichen Hand. Die Landkreise und Gemeinden sollen nicht die Eigentümer der großen und kleinen Ökoinseln in der Naturlandschaft werden und schon gar nicht ihre aktiven Bewirtschafter. Das Gegenteil von Privatisierung passt absolut nicht mehr in die gesellschaftspolitische Landschaft und das ökologische Ziel soll auf jeden Fall mit der preiswertesten Strategie erreicht werden. Von den Kosten her sind die Dienstleistungen der aktiven Landwirte den kommunalen Bauhöfen weit überlegen.
Jedoch an der Anstrengung selbst, dass zur Erreichung dieses Zieles vorweg ein einfaches, findiges, unbürokratisches, nachhaltiges Honorierungssystem entwickelt werden muss, daran kommt die Gesellschaft nicht vorbei. Und dabei sind zunächst unmöglich erscheinende Wege und Strategien mehr eine Frage der Gewohnheit. Neues Denken führt zu neuen Zielen. Wo ein Wille ist, da ist auch ein Weg. Und der Weg des geringsten Widerstandes, den auch Agrarpolitiker gerne gegangen sind, war schon häufig genug der falsche Weg, der später korrigiert werden musste.
Dafür ist die zurückliegende Verstaatlichung aller möglichen Dinge in der auf Konkurrenz angewiesenen Wettbewerbswirtschaft warnendes Beispiel genug. Ganz sicher ist das private Engagement auch bezüglich einer flächendeckenden Natur- und Kulturlandschaftspflege die bessere und preiswertere Alternative. Umsonst ist sie allerdings nicht.
Wenn man die Modellrechnung des Dienstleistungshonorars für den „Emshof" im Landkreis Emsland einmal

auf ein anderes Unternehmen in einem anderen Landkreis der Bundesrepublik überträgt, können die im System liegenden Gestaltungsmöglichkeiten auf regionaler und kommunaler Ebene noch deutlicher werden. Die Ausgangsdaten des Landkreises Uckermark im Bundesland Brandenburg zum Beispiel, mit völlig anderen Strukturdaten, insbesondere auch was die Flächenausstattung der einzelnen landwirtschaftlichen Unternehmen angeht, heben den prinzipiellen Ansatz hervor, der sich immer nur auf die Quadratmeter genau bemessenen, flächengebundenen Ökoprodukte bezieht, ganz gleich um welche Größenordnung des Unternehmens es sich handelt. Die Ökoprodukte selbst sind im Konzept bundeseinheitlich benannt. Die durchschnittliche finanzielle Marge pro Hektar Kulturfläche wird bundeseinheitlich festgelegt. Lediglich die strukturelle Bandbreite und das zur Feinjustierung hinzugefügte Bonus/Malus-System mit einer ebenfalls bundeseinheitlichen Bandbreite von möglichen prozentualen Zuschlägen bzw. Abschlägen liegen in der Gestaltungs- und Bewertungsverantwortung der Region bzw. der Kommune.

Der „Emshof" erhält beispielsweise dafür, dass er 78 ha Kulturfläche in der Gemeinde X betreut, ein Dienstleistungshonorar von rund 22.000 Euro. Das Unternehmen „Uckermark", das beispielsweise 550 ha Kulturfläche in der Gemeinde Y betreut, erhält dafür ein Dienstleistungshonorar von rund 100.000 Euro. Auf den Hektar bezogen, haben die Gemeindeväter im ersten Fall ein Dienstleistungshonorar von rund 280 Euro pro Hektar Kulturfläche festgelegt und im zweiten Fall, bei völlig anderen Strukturen und anderen Ökoprodukten eines von nur 180 Euro pro Hektar Kulturfläche. In beiden Fällen liegt das Honorar aber innerhalb der Margen, die bundeseinheitlich angesetzt sind. Es gibt infolgedessen keinen Streit darüber, dass der eine mehr Honorar bekommt als der andere. Der konkrete Honorarbetrag ist innerhalb des bundeseinheitlichen Rahmens mit konkreten ökologischen Dienstleistungen belegt.[1]

Die Modellrechnung hat für die Bundesrepublik ein jährliches Finanzbudget von 250 Euro pro Hektar Kulturfläche angesetzt. Dieser Betrag soll lediglich die mögliche Größenordnung in den Blick nehmen, die für die agrarpolitische Neukonzeption in Frage kommen kann. Ein neues Landwirtschaftsgesetz zur neuen agrarpolitischen Zielsetzung kann für die Festlegung dieses Budgets einen wissenschaftlichen Beirat berufen, der den vom Ökoproduktekatalog her detailliert zu begründenden Finanzbedarfsrahmen benennt. Und dieser unabhängige Fachbeirat kann den Betrag alle fünf Jahre, also einmal pro Wahlperiode, auf den Prüfstand nehmen und insoweit regelmäßig anpassen. Eine jährliche Anpassung, wie sie zum Beispiel bei den Bürgerrenten erfolgt, ist nicht notwendig und brächte zu viel bürokratischen Aufwand. Die Kombination von Arbeit mit dem ökologischen Produkt und öffentlichem Wert des ökologischen Produktes verträgt eine Nachjustierung des Gesamtbetrages pro Hektar Kulturfläche im fünfjährigen Rhythmus, ohne ungerecht zu werden.

---

1) s. S. 83 und 85

Jährliche Agrarberichte, wie sie vom geltenden Landwirtschaftsgesetz seit 1956 vorgeschrieben sind, können ebenfalls ohne Bedenken durch einen fünfjährigen Rhythmus abgelöst und gleichzeitig auf das Wesentliche zusammengestrichen werden. Überhaupt wird ein sehr einfaches Verwaltungsverfahren Ziel und Konzept der Honorierung der ökologischen Dienstleistungen in die Praxis umsetzen und sich dabei auch ohne weiteres der kommunalen Sach- und Verwaltungskompetenz bedienen.
Jedes landwirtschaftliche Unternehmen hat längst eine Computer-Betriebsnummer und seine bewirtschafteten Nutzflächen sind ebenfalls computergerecht parzellenweise durchnumeriert. Und es ist kein Problem, ergänzend auch noch den Wald und das übrige noch fehlende ökologische Netz des Unternehmens zusätzlich in das PC-Programm aufzunehmen und in ihm festzumachen. Wenn es dann Mode wird, dass sich auch die Veränderungen bei den ökologischen Dienstleistungen auf den Höfen diesem fünfjährigen Rhythmus anpassen, dann fällt bei den zuständigen Kommunen nur wenig bürokratischer Verwaltungsaufwand an. Selbst die unabdingbare Kontrolle des Honorarsystems in den Betrieben kann auf ganz einfache Weise erfolgen. Wer bei seinen Dienstleistungs- und Ökoprodukteangaben vorsätzlich schummelt, bekommt in dem betreffenden Jahr für das ganze Unternehmen kein Honorar. Wenig kommunale Stichproben werden dann die unabdingbar notwendige Ehrlichkeit bewirken. Schließlich wollen sowohl die Honorargeber als auch die Honorarnehmer eine stabile, beständige und unstrittige Haushaltsführung für die flächendeckende Kulturlandschaftspflege gewährleisten.

Die konkrete ökologische Leistung der aktiven Bauern auf ihren Höfen, das ist die eine Seite und die wissenschaftlich fundierte, finanzielle Gegenleistung der Bürgergesellschaft, das ist die andere Seite der wertvollen Zukunftsmedaille, die im öffentlichen Interesse geprägt werden soll.

Für die beiden Modellbetriebe „Emshof" und „Unternehmen Uckermark" ergibt sich ein Unterschied zwischen den beiden Durchschnittshonoraren ihrer Kulturfläche von rund 100 Euro pro Hektar. Die Ursache der unterschiedlichen Bewertung liegt einerseits im Umfang der in den beiden Unternehmen in den jeweiligen Strukturstufen nachgewiesenen Ökoprodukte und andererseits in den Zuschlägen bzw. Abschlägen des Bonus/Malus-Systems, die die jeweilige besondere kommunale Interessenlage widerspiegeln. Ob im Bonus/Malus-System die prozentuale Grenze bei 50 % angesetzt wird, wie in der Modellrechnung geschehen, oder ein bundeseinheitlich niedrigerer bzw. höherer Grenzwert gewählt wird, mag der zuständige Fachbeirat entscheiden. Auch die Staffelung der finanziellen Anreize in den jeweils drei Strukturstufen und der Abstand im ökologischen Bewertungsniveau zwischen den einzelnen Ökoprodukten im bundeseinheitlichen Katalog kann in der Entscheidungskompetenz des wissenschaftlichen Beirates liegen. Die Modellrechnung konnte auch an dieser Stelle nur beispielhafte Tendenzen ausweisen.

Das bundesweite, zweckgebundene Finanzierungsbudget soll auf jeden Fall ausgeschöpft werden. Dazu ist es da. Eine Übertragung in das nächste Rechnungsjahr ist nur in sehr begrenztem Umfang sinnvoll. Insoweit ist auf kommunaler Ebene eine sorgfältige Kalkulation für das

Ausschöpfen der feststehenden Kapitalsumme notwendig. Dabei bleibt entscheidend, dass der Anreiz zur Erstellung der ökologischen Produkte in der Kommune, auch in der speziell gewünschten Mischung, für die aktiven Landwirte hoch genug ist und diese ihre ökologischen Dienstleistungen im öffentlichen Interesse tatsächlich erbringen. Die in der Modellrechnung angesetzten Honorare können insoweit das Verfahren selbst auch nur modellhaft deutlich machen. Für das Bonus/Malus-System wird jede Kommune in Eigenverantwortung einen Kriterienkatalog entwickeln, der sowohl den Parlamentariern bei der Dienstleistungsbewertung als auch insbesondere den aktiven Landwirten bei der Ökoprodukteherstellung als Entscheidungshilfe dient. Ob und inwieweit bereits die Bewertung der Ökoprodukte in den einzelnen Strukturstufen in Subsidiarität auf kommunaler Ebene erfolgen kann, muss die Erfahrung mit dem agrarpolitischen System zeigen. Ein ruhiger und zuverlässiger Start des Systems scheint für alle Beteiligten ebenso wichtig wie relativ viel Flexibilität beim Ausschöpfen des festen Finanzierungsbudgets. Auf jeden Fall darf die existenzsichernde Komponente im Dienstleistungshonorar für die Bauernfamilie nicht unterschätzt werden, die dabei auf Stabilität, Zuverlässigkeit, Nachhaltigkeit und damit auf Kalkulierbarkeit des Gesamthonorars für das Unternehmen unbedingt Wert legt. Eine systematische Kompetenzverlagerung auf die regionale und kommunale Ebene kann das Entscheidende richten.

Nachwort

Die Kinder und Enkelkinder sollen uns nicht vorwerfen müssen, wir hätten beim europäischen Einigungsprozess den Wohlstand für alle viel zu vordergründig betrieben und wesentliche Lebensgrundlagen außer acht gelassen. Wer die Verarmung der Kulturlandschaften zulässt, kann nicht mit Nachsicht rechnen. Wer jedoch rechtzeitig für einen stabilisierenden Struktur- und Wettbewerbsrahmen zur Sicherung der ökologischen Vielfalt in Natur und Landschaft sorgt, der wird europaweites Wohlbefinden organisieren. Wohlbefinden am gedeckten Tisch und Wohlbefinden in Gottes freier Natur. Beides hat seinen Preis.

Der Eindruck trügt nicht, dass die jüngsten EU-Beschlüsse die Tür zum hier vorgetragenen agrarpolitischen Ziel und Konzept bereits ein ganz klein wenig aufgemacht haben. Es gibt jedenfalls keinen Grund, die Hoffnung aufzugeben.

Nicht nur die unerträglich ausufernde Brüsseler Agrarbürokratie, sondern eher noch die mit der europäischen Erweiterung verbundenen zusätzlichen Finanzierungsprobleme werden die in diesem Werk niedergeschriebene Vision einer grundsätzlichen Neuorientierung erzwingen. Inzwischen drängen auch erste agrarwissenschaftliche Stimmen zur konzeptionellen Generalüberholung. Es kommt allerdings noch mehr darauf an, dass der landwirtschaftliche Berufsstand selbst – am besten gleich mit seiner europäischen Dachorganisation – die alten Gleise verlässt, selbst in die konzeptionelle Offensive geht und dabei auch schon die breite Öffentlichkeit mitnimmt. Im Dienstleistungshonorar für eine ökologisch sinnvolle, flächendeckende

Kulturlandschaftspflege können sie sich treffen, die europäischen Bauern und das Gros der europäischen Wohlstandsbürger. Niemand sollte ihr Zusammengehen in zielorientierten Kulturlandschaftspflegestrategien mehr aufhalten können.

Der besondere Reiz dabei liegt in der revolutionären Kompetenzverlagerung auf die regionale und kommunale Ebene, in der Konzeption der kurzen Wege, in der Konzeption der preiswerten Gestaltung. Alles ungewohnte Strategien bei der Erledigung öffentlicher Aufgaben. Aber sie haben Sinn und Verstand. Sie verweisen auf überzeugende Zukunftsperspektiven und sie machen im Prozedere mündigen Bürgern Mut.

Subsidiarität heißt das eine Zauberwort und ökologische Vielfalt das andere. Wie die zielorientierte, agrarpolitische Veranstaltung in den kommenden Jahren tatsächlich verläuft, das werden parlamentarische Mehrheiten entscheiden.

Sie sollten keine Zeit mehr verlieren.

Herbst 2003

Materialien

Modell des Ökoproduktekataloges

Lfd. Nr.	Ökoprodukt	Strukturstufe	Honorar Euro/ha	Bonus [1] bis 50%	Malus [1] bis 50%
1	Wald				
	Region <25% Waldanteil	I	250		
	Region 25-50% Waldanteil	II	200		
	Region >50% Waldanteil	III	150		
2	Wallhecken/Windschutzanlagen				
	<2,5 m Breite	I	500		
	2,5-5 m Breite	II	750		
	5-15 m Breite	III	1000		
3	Feldraine/Randstreifen				
	<1 m Breite	I	500		
	1-2 m Breite	II	750		
	2-10 m Breite	III	1000		
4	Feuchtbiotope				
	offene Gewässer	I	250		
	Teichanlagen	II	500		
	sonst. ökolog. Feuchtbiotope	III	750		
5	Ödland (kultivierbar)				
	<1 ha Parzellengröße	I	1000		
	1-5 ha Parzellengröße	II	750		
	>5 ha Parzellengröße	III	500		
6	Unland (nicht kultivierbar)		50		

7	Ackerland				
	<1 ha Parzellengröße	I	250		
	1-5 ha Parzellengröße	II	200		
	>5 ha Parzellengröße	III	150		
8	Non Food-Flächen				
	<10% der Ackerfläche	I	500		
	10-30% der Ackerfläche	II	750		
	>30% der Ackerfläche	III	500		
9	Grünland				
	Region <10%	I	500		
	Region 10-50%	II	250		
	Region >50%	III	150		
10	Streuobstwiesen		750		
11	Hofstelle				
	bebaute Fläche	I	150		
	bepflanzte Fläche	II	250		
12	Kulturfläche mit besonderen ökologischen Bewirtschaftungsauflagen			2)	
	Landschaftsschutzgebiet	I			
	Flora-Fauna-Habitate-Gebiet	II			
	Naturschutzgebiet	III			
	sonstige Ökoinseln	IV			

1) in kommunaler Entscheidungskompetenz
2) in Entscheidungskompetenz des Bundes

Strukturdaten für die Modellrechnungen

1. Finanzierungsbudget für die Bundesrepublik Deutschland
   - Kulturfläche in Bewirtschaftung der aktiven Landwirte ca. 30 Millionen Hektar
   - Angesetztes Dienstleistungshonorar 250 Euro/ha
   - Jahresbudget ca. 7,5 Mrd. Euro

2. Landkreis Emsland
   - Kulturfläche in Bewirtschaftung der aktiven Landwirte ca. 187.500 ha
   - Haupterwerbslandwirte ca. 2.500
   - Durchschnittliche Größe der aktiven landwirtschaftlichen Unternehmen ca. 75 ha Kulturfläche
   - Angesetztes Dienstleistungshonorar 250 Euro/ha
   - Jahresbudget ca. 47 Millionen Euro

3. Landkreis Uckermark
   - Kulturfläche in Bewirtschaftung der aktiven Landwirte ca. 297.500 ha
   - Haupterwerbslandwirte ca. 400
   - Durchschnittliche Größe der aktiven landwirtschaftlichen Unternehmen ca. 750 ha Kulturfläche
   - Angesetztes Dienstleistungshonorar 250 Euro/ha
   - Jahresbudget ca. 74 Millionen Euro

Modellrechnung für den „Emshof"

Honorar nach Ökoproduktekatalog

Nr.	Ökoprodukt	Struktur-stufe	Ha	Honorar Euro/ha	Bonus %	Malus %	Kommunale Begründung	Honorar in Euro
1	Wald	I	19,0	250	20%		sehr parzelliert, viel Mischwald	5.700
2	Wallhecken	II III	0,3 0,3	750 1000				225 300
3	Feldraine	II III	0,5 0,5	750 1000				375 500
4	Feuchtbiotope	II	0,3	500	20%		besonderes Interesse	180
5	Ödland	-						
6	Unland	-						
7	Ackerland	II III	35,7 13,7	200 150	20%		besondere Struktur	8.568 2.055
8	Non Food-Fläche	I	5,0	500	20%		besonderes Interesse	3.000
9	Grünland	II	1,0	250	50%		besonderes Interesse	375
10	Streuobst-wiesen	-	0,2	750	20%		besonderes Interesse	180
11	Hofstelle	I II	0,7 0,8	150 250	20% 50%		Einzelhof-lage, Eichen, Zaun	126 300
12	Kulturfläche mit bes. Wirtschafts-auflagen	-						

Honorar insgesamt   21.884 Euro
Kulturfläche   78 ha
durchschnittl. Honorar   280 Euro/ha

Modellrechnung für das Unternehmen „Uckermark"

Honorar nach Ökoproduktekatalog

Nr.	Ökoprodukt	Struktur-stufe	ha	Honorar Euro/ha	Bonus %	Malus %	Kommunale Begründung	Honorar in Euro
1	Wald	I	12	250	20		besonderes Interesse	3.600
2	Wallhecken	II	4	750				3.000
3	Feldraine	II	8	750				6.000
4	Feuchtbiotope	I	1	250				250
5	Ödland	III	10	500				5.000
6	Unland	-	50	50				2.500
7	Ackerland	II III	60 297	200 150		30	große Schläge	12.000 31.185
8	Non Food-Fläche	I	20	500				10.000
9	Grünland	II	80	250	20		nicht acker-fähig, ertrags-arm	24.000
10	Streuobst-wiesen	-	3	750	20		ökologisch bes. wertvoll	2.700
11	Hofstelle	I II	3 2	150 250	20		bes. Parkanlage	450 600
12	Kulturfläche mit bes. Wirt-schaftsauf-lagen	-						

Honorar insgesamt   101.135 Euro
Kulturfläche   550 ha
durchschnittl. Honorar   184 Euro/ha

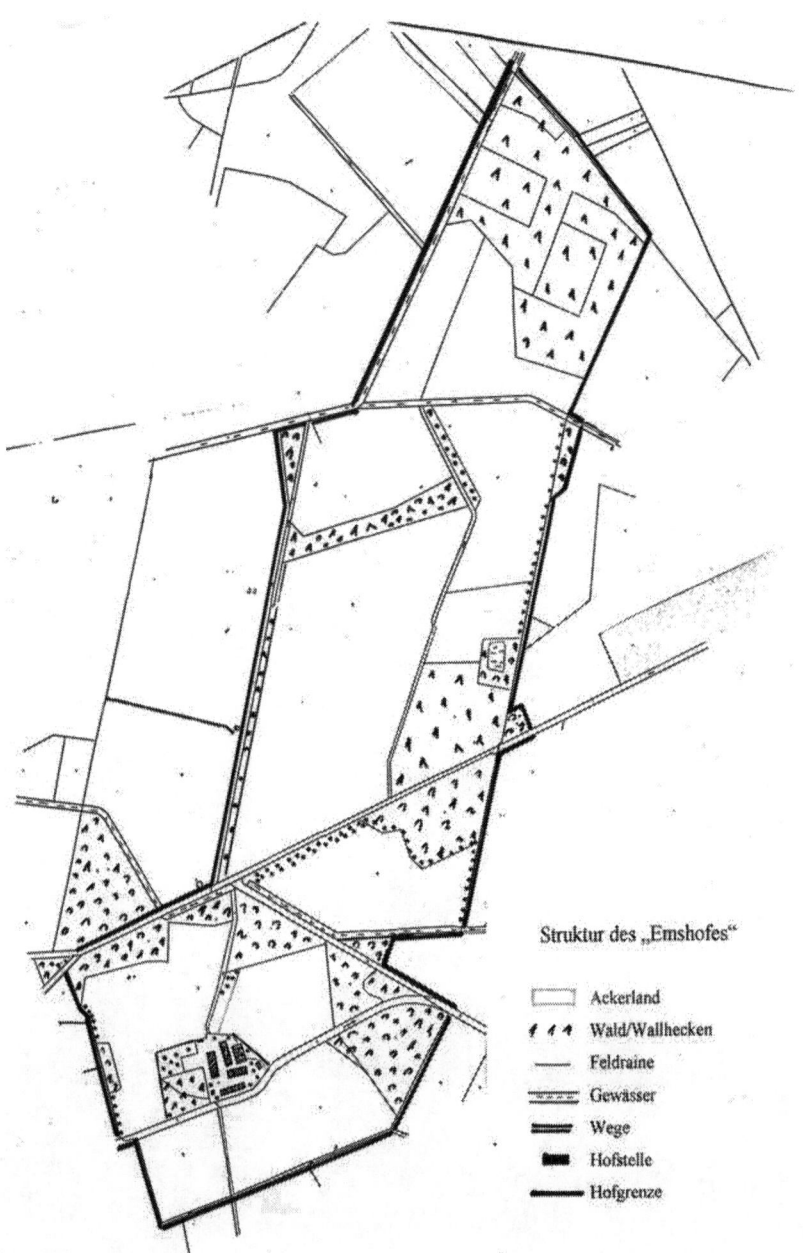

www.ingramcontent.com/pod-product-compliance
Lightning Source LLC
Chambersburg PA
CBHW070314230526
45470CB00002B/873